改訂

環境学入門

井上堅太郎 著

大学教育出版

まえがき

「21世紀は環境の世紀」といわれることがある。

前世紀の20世紀に環境問題は急浮上して人類の大きな課題となった。人類社会は、20世紀に、特にその後半に、急激に経済活動・工業活動を拡大し、大量生産・大量消費・大量廃棄型のあり方を「普及」させてしまった。その傾向は先進国で特に著しく、社会経済活動を維持するために必要なエネルギーは、1996年に一人当たりで4.6トン／年程度であるが、それは開発途上国平均0.75トン／年の約6倍に相当する。その開発途上国についても、急激にエネルギー消費量を増大させており、例えば経済的な開発が進む中国についてみると、1971年に0.28トン／人・年であったが、1996年に0.73トン／人・年に増加している。1900年頃から今日までに全地球的なエネルギー消費量は約60倍近くに増加した。

20世紀に人口は1900年の約16億人から、2000年に約61億人に、約4倍に増加した。単に人口が増加しただけではなく、エネルギー消費量の増加に典型的にみられるほかに、水資源、その他の資源の採取・使用、森林の伐採・沿岸地域の開発、農耕地・都市地域の拡大、交通・輸送・物流の拡大、肉類などの蛋白質を嗜好する食生活傾向の拡大などが進んだ。それらは人類社会に多くのプラスとマイナスの側面をもたらすこととなった。

マイナスの側面の1つが環境問題である。

急激なエネルギー消費量の拡大をまかなうために、化石燃料の使用を増やし、大気中の二酸化炭素の濃度を増加させた。産業革命の頃からこれまでの200年ほどの間に、二酸化炭素濃度は280ppm（0.028％）から370ppm（0.037％）に増加した。20世紀中に地球の表面付近の気温は約0.3～0.6℃上昇したと推定されている。さらに今後、化石燃料の大量利用は止まらず、増加し続けると予測され、今世紀末までには二酸化炭素に換算した温室効果ガスの濃度で現在の2倍程度（中位予測。「温室効果ガス」＝地球から宇宙へ放射する赤外線を吸収し、地球

の保温効果を持つ気体で二酸化炭素、メタン、亜酸化窒素、フロンなどのガスを総称した呼び方）になるとされ、その場合の気温の上昇は1.4〜5.5℃、海面上昇は0.09〜0.88mと予測されている。

　科学技術は人類社会に大きな恩恵をもたらしたと考えられているが、一部の人工化学物質は地球大気のオゾン層のオゾンを減少させることとなった。毒性が極めて少なく、科学的に安定なフロンや、ハロン、その他の塩素、臭素を含む化合物によると考えられるオゾン層オゾンの減少が1980年代に南極で観測され、さらには全球的に観測されるようになった。オゾン層は太陽から降り注ぐ光の中で人や生物に有害な波長の短い紫外線を遮断することによって、地球の生物を保護する働きをしてきたと考えられており、その減少は地球の生物にとって危惧される事態である。

　世界の森林は1700年頃以降、約10億haが消失して主に農耕地に換えられたと考えられている。1960〜1990年の30年間に熱帯林は4.5億ha減少したと考えられている。現在、地球の大陸の3分の1以上が人為的な土地利用である農耕地、牧草地に利用されている。こうした人類による自然生態系の人為的な利用への転換は、単に森林の減少にとどまらず、そこに棲む多くの野生生物種の絶滅、あるいは絶滅の危機を招くこととなった。森林の減少や野生生物種の絶滅をどのように考えるかについては、ひとそれぞれに多様な意見があると考えられるが、人類は自然、野生生物、生態系とのかかわりを考えるべきところに来ている。

　化石燃料の使用は大気汚染物質である二酸化硫黄、二酸化窒素、ばいじんなどを排出する。また、鉱工業も、同様の大気汚染物質、さらにはその他の有害な重金属、有害化学物質等の環境汚染物質を製造・副生・排出することにより、大気、水質、土壌などを汚染する。日本は過去数十年の間に環境汚染による不幸な「公害病」を経験することとなった。水俣病、イタイイタイ病、大気汚染による呼吸器疾患、慢性ヒ素中毒である。環境汚染は、第二次世界大戦後の1950年代頃には東京、大阪などの一部の工業地域の問題であったが、1960年代の経済の高度成長期にはそれらの地域以外の全国各地に、工業開発、都市開発、交通・輸送などを通じて、大気汚染、水質汚濁、騒音、悪臭などの問題を引き

起こすこととなった。公害病の経験を始めとする環境の汚染は日本人が「環境」を知る大きな契機となったが、それは地球環境問題が今日のように知られるようになる以前のできごとであった。

日本の自然環境は、環境汚染の問題と同様に、第二次世界大戦後の経済の復興、高度経済成長期などを経て、干潟・海岸の埋立、湖沼・湖岸の埋立、身近な林地等の開発、さらには野生生物種の絶滅の危機の増大を引き起こしたと考えられている。日本の絶滅のおそれのある野生生物の種類は動物669種、植物等1,994種の合計2,663種となっている。自然環境の保護や野生生物種の保護については、1970年代頃以降に自然環境保全法の制定や環境影響評価制度の拡充などの多くの施策・制度が導入されたことによって、高度経済成長期のような自然環境に配慮を欠く開発は陰を潜めているといえるが自然に対する開発圧力はなくなっている訳ではない。

今後の見通しについてであるが、日本だけを見る限りにおいては、汚染の問題も自然環境保全の問題も、自国内の環境管理の仕組をさらにうまく構築することで、環境の質を確保しながら、また、自然や野生生物との共生を図りながら、社会経済活動をこれまで以上にうまく環境保全型に転換していくことが可能であるかも知れない。しかし、今後の人類社会と地球環境との関係については、予想される人口の増加、開発途上国における経済発展などを考慮すると、人類の社会経済活動による地球環境への負荷はかなり深刻な事態が予想される。地球温暖化への対処、水資源の確保、森林の保全、絶滅の危機に瀕する野生生物種への対応、さらには食糧の確保などの地球環境の諸課題は、人口増加と開発圧力に向かい合わねばならないこととなる。人類は、人口増加・地球環境への負荷の増大をうまく抑制し、必要な社会的発展を確保しながら、人類の社会経済活動と地球環境保全の両全を図らねばならないところに来ている。

環境と社会の関係については、これまでの人類の文明の在り方が問われており、人類にとって今世紀は大きな曲がり角にあると考える。本書は岡山理科大学の全学生諸君を対象とする「環境と社会」の講義のために用意した講義資料をもとにしており、教科書として使うものであるが、環境に興味を持ち、環境全般を一通り読んでおこうとされるような方々にも、参考にしていただけるのでは

ないかと考えている。ご一読くださってご意見、ご批判などをいただければ幸甚である。

2005年2月

岡山理科大学　井上堅太郎

「環境学入門」改訂にあたって

　報道や出版物等を通じて知られる環境に関係する現況や国内的・国際的対応に関する情報に注目して毎日を過ごしているのであるが、「環境学入門」の初版の出版から3年が経ち、記述した内容を書き換える必要がある箇所が散見されるようになった。第2版についてはほとんど記述に変更を加えずに、最少限度のデータの更新と不適切な記載などの微修正により発刊させていただいた。今回はデータを可能な限り新しくするとともに、地球温暖化に関係する「IPCC（気候変動に関する政府間パネル）第4次評価報告書」（2007年2月）等を踏まえた記述の変更、生物多様性条約に係る「第三次生物多様性国家戦略」（2007年11月）の閣議決定に関わる内容の変更、水俣病をめぐる「関西訴訟」の最高裁判決（2004年）後に関する最近の状況などを書き換えし、あるいは追加して記述した。第3版について、ご意見、ご批判などをいただければ幸甚である。

2008年1月

岡山理科大学　井上堅太郎

改訂 環境学入門

目 次

まえがき ··· 1

第1章　人と環境 ·· 9
　　1－1　環境問題の視点・地球環境　9
　　1－2　火の使用、農耕及び放牧　11
　　1－3　都市と環境　12
　　1－4　鉱工業、開発及び日常生活と環境　13
　　1－5　人口と文明　15

第2章　環境汚染と健康被害等 ·· 17
　　2－1　水俣病　17
　　2－2　イタイイタイ病　21
　　2－3　大気汚染物質による健康被害　24
　　2－4　健康被害の補償　26
　　2－5　大気系公害健康被害補償制度の改正及び水俣病被害救済等　29

第3章　環境汚染と健康影響等 ·· 33
　　3－1　環境汚染と健康影響　33
　　3－2　大気汚染と環境基準　34
　　3－3　水質汚濁と環境基準　38
　　3－4　騒音と環境基準　42
　　3－5　日本の環境汚染の問題と課題　44

第4章　廃棄物の処理 ·· 46
　　4－1　日本の物質フローと廃棄物の発生　46
　　4－2　廃棄物処理の仕組　48
　　4－3　廃棄物の処理・処分の概要　52
　　4－4　廃棄物処理の課題等　53

第5章　資源リサイクル ·· 57
　　5－1　廃棄物とリサイクル　57
　　5－2　再生利用等に関する法制度の拡充と
　　　　　循環型社会形成推進基本法の制定　59

5-3　個別法の制度の概要　61
　　　5-4　廃棄物処理・リサイクルをめぐる経済的手法　66
　　　5-5　循環型社会形成推進基本計画　67

第6章　日本の自然環境 …………………………………………………… 70
　　　6-1　日本の土地利用　70
　　　6-2　日本の自然の現状　71
　　　6-3　日本の野生生物の現状　73
　　　6-4　日本の自然保護　75
　　　6-5　生物多様性の保護等　78
　　　6-6　自然と人間の共生　80

第7章　地球の自然と人類社会 …………………………………………… 82
　　　7-1　地球資源と人類社会　82
　　　7-2　地球から得られる食料　83
　　　7-3　地球の水資源　85
　　　7-4　世界の森林　86
　　　7-5　野生生物と生物多様性　87

第8章　地球大気の諸問題 ………………………………………………… 90
　　　8-1　酸性雨　90
　　　8-2　オゾン層破壊　93
　　　8-3　地球温暖化　96
　　　8-4　地球温暖化の予測及びその影響予測　98

第9章　地球環境問題への対応 …………………………………………… 101
　　　9-1　オゾン層破壊対策　101
　　　9-2　地球温暖化対策　103
　　　9-3　森林の保全と生物多様性の維持等　106
　　　9-4　持続可能な開発　110

第10章　環境影響評価 …………………………………………………… 113
- 10-1　環境影響評価の概念　*113*
- 10-2　日本における環境影響評価制度の形成　*114*
- 10-3　環境影響評価法による制度の概要　*118*
- 10-4　環境影響評価実施対象事業と評価項目・評価　*124*
- 10-5　地方制度の役割　*126*
- 10-6　環境影響評価制度の課題　*127*

第11章　社会経済活動と環境 ……………………………………………… 130
- 11-1　事業活動と環境　*130*
- 11-2　環境保全の規制　*131*
- 11-3　費用負担・被害補償　*134*
- 11-4　拡大生産者責任　*135*
- 11-5　環境保全のための経済的措置　*137*
- 11-6　社会経済活動と環境配慮　*138*

第12章　環境政策の形成過程と環境の価値観 …………………………… 140
- 12-1　環境保全への取組　*140*
- 12-2　公害対策　*141*
- 12-3　自然環境保全と環境の快適性　*144*
- 12-4　地球環境保全　*148*
- 12-5　循環型社会形成　*149*
- 12-6　環境政策の形成過程と環境に対する価値観の確立　*151*

参考図書・引用文献等 ……………………………………………………… 154

索　引 …………………………………………………………………………… 159

第1章
人と環境

1-1 環境問題の視点・地球環境

　今日の地球規模の環境問題として取りざたされるものをよくみると、問題を大きく顕在化させたのは20世紀あたりであるけれども、人類の文明史、さらには地球の歴史を踏まえて問題を考えねばならないことに気づかされる。地球の誕生の後、海洋が形成され、生物が出現し、大気上層にオゾン層が形成された後に生物が上陸を果たし、今日のような生物・生態系が形成されたことが知られる。人類は地球史を経て形成された、大気、水、大陸・島嶼、生物・生態系の環境に出現した。ところが火を使用することを知り、農耕・牧畜を知ると、大型の野生生物を絶滅させ、自然環境を自らの食料生産のための農耕地、牧草地に転換した。さらに産業革命を経て、科学技術を駆使するようになり、エネルギーと資源を大量に消費して欲求を満たし、人口を急増させ、自らの生存基盤である地球環境を心配しなければならない事態を引き起こすこととなった。

　人類や生物が生存の基盤とする地球は、大気、海洋・水圏、大陸・土壌、生物・生態系を環境として用意してくれている。

　大気環境は、地上付近で1気圧程度の密度で、窒素約78％、酸素約21％とその他の微量成分からなる。微量成分の二酸化炭素・約0.038％及び水・水蒸気の存在が地球の気温を表面付近の平均値で約15℃程度に保つ役割を果たしてくれ

表1-1　地球と人類と環境問題の視点

時間スケール		注目されるできごと	環境上の問題
宇宙の誕生から今日まで		地球の誕生、太陽からの距離、地球の大きさ	
地球の誕生から今日まで		海洋・大気・大陸・生態系の形成	人類の出現
人類出現以降	火の使用～今日	狩猟	大型獣の絶滅
	文明の誕生～今日	農耕、牧畜	農耕地・牧草地の拡大
	産業の誕生～今日	産業革命、科学・技術	都市の拡大、環境汚染、自然破壊
	大量生産・大量消費・大量廃棄の時代～今日	人口の増加、発展途上国の経済成長	大規模環境破壊 地球環境問題、人口爆発

(内藤、「エコトピア」を参考に作成)

ている。また、上空の15～40km付近に地上に比べると相対的にオゾン量が多い層があり、「オゾン層」と呼ばれる。この層は太陽から降り注ぐ波長が短くて生物に有害な紫外線を吸収する効果を持ち、地球の、特に陸上に棲む生物、生態系にとって重要な意味を持つ。こうした大気環境は、地球の誕生の頃から今日までの長い地球の歴史の中で、海洋の存在と生物の活動を通じて今日の状態になったと考えられている。

　海洋・水圏を構成する水については、地球の表面の約3分の2を占める海洋と湖沼や河川、極地や氷河の氷、地下水、土壌などに存在する。地球の誕生の頃の灼熱の状態の地球には海洋は存在しなかったが、地球の冷却とともに、38億年前頃には現在に近い海が形成されたと考えられている。地球の大きさと太陽からの距離に関係して、地球に液体状態の海洋が存在し、海洋、大気、陸域をめぐる水循環が繰り広げられ、地球の生態系の基盤となっており、海洋等の水系に生態系を育んでいる。生命が誕生したのも海洋であると考えられており、生物が上陸を果たすことができなかった30億年以上の間は、海洋で生物は進化を遂げてきた。

　陸地は地球の表面の約3分の1を占めるが、生物が上陸を果たしたのは今から4億年程度前のことであるらしい。それ以前には十分にオゾン層が発達して

いなかったために、太陽紫外線の直射を受ける陸上で生物は暮らすことができなかったが、オゾン層形成後に陸上に進出し、今日見るような多様な生態系を大陸・島嶼に発達させてきた。

陸上、海洋に多様に展開する生物・生態系は、今日見られるものは約38億年前に最初の生命が誕生して以来、進化を重ね、また、時には恐竜の絶滅のような事件を経験しながら、現在に至ったものである。人間にとっては地球の生物・生態系の仕組の中で食糧を獲得し、生産することで生存が可能となっている。

人類にとって、大気、海洋・水圏、大陸・土壌、生物・生態系が不可欠な4つの環境要素である。エネルギーと物質がこれらの環境要素の間を循環していることにより生存が保障されている。

1-2 火の使用、農耕及び放牧

火を使い始めたことが人類にとって極めて重要なできごとであったが、環境問題を考える上でみると、火を使って狩りをするようになり、また、あらかじめ火を放って草原を拡大し、大型の獣を絶滅させることとなった。旧石器時代の末期に、ユーラシア大陸でマンモス、毛犀、大鹿、じゃこう牛の4種の大型獣を絶滅させ、新大陸ではマンモス、マストドン、馬、ラクダなどの大型獣を絶滅させた。(「環境と文明」)

約1万年前頃には世界の一部の地域で初期の農耕が始められた。ゆるやかながら少しずつ農耕が拡がり、やがて定住するような社会が生まれ、さらには農耕により余剰の食糧が生産されるようになると、農業生産に従事しない人を養うことができるようになり、都市の形成を可能にした。

農耕地を確保することは、別の見方をすれば自然の植生などの生態系を人為的な利用に転換することを意味する。人は徐々に農耕地を拡大していくのだが、18世紀初頭頃までは約2億7,000万haに過ぎなかった。ところがその後の農耕地の拡大は急激であった。最近の300年間に、森林は約11億ha減少し、農耕地約15億haに拡がった。農耕の始まりとほとんど同じ頃に人は家畜を飼育するようになったと考えられているが、放牧地の確保は人為的な土地利用を意味する。

恒常的牧草地の面積は現在では約34億haとされており、農耕地と恒常的牧草地を合わせた合計は約49億haに及び、世界の陸地（南極を除く）の約37%に相当する。陸地のこれだけの面積の自然を人類は食糧を確保するために人為的に改変している。（「世界の資源と環境1994-95」）

1-3　都市と環境

　紀元前5000年頃には都市が成立しはじめるが、都市はその廃棄物の処理の問題と直面するようになったと考えられている。モヘンジョダロの遺跡からごみを流したと考えられるシュートや下水管が存在したことが知られている。（「環境問題と世界史」）

　ギリシャの都市では汚物の処理は十分ではなく、衛生状態はかなりひどいものであったと考えられている。ローマでは下水道が整備されてはいたが、下水道につながっていない2階以上の汚物は階段入り口に溜め置かれ、定期的に運び出されるような仕組がとられ、やがて街路の地下にも下水道が敷設されて街路は改善されたが、下水道は汚物のたまり場のようであった。ごみは郊外へ持ち出されて穴の中に埋め立てられ、悪臭を放ったという。（「環境と文明」）

　中世のヨーロッパの都市は城壁で取り囲むことで安全を維持したが、城内の汚物、ごみと同居することとなり、それに城内で家畜を飼育することも行われたために、そのふん尿とも同居することとなり、環境の状況はかなりひどい状況であったと考えられている。（同）

　イギリスではかなり古くから石炭を燃料として使っていたが、13世紀頃にはその煙による大気汚染に悩むようになっていたことが石炭を禁止しようとした事実から知られる。産業革命期前に、既にロンドンの大気は「悪臭」を放つような状態にあり、産業革命期になると産業用の燃料として石炭が使用されるようになり、ロンドン以外の都市においても大気汚染を加速することとなった。また、産業革命はイギリスに工業型の都市形成を促すようになるが、どの都市も汚物、汚水、ごみの処理システムを整えていなかったために、特に産業労働者の居住地域は劣悪であった。（「環境問題と世界史」、「環境と文明」）

明治時代の日本は工業化が進み、東京の下町に拡がっていった工場等の従業員のための市街地は、イギリスの工業都市と同様の劣悪な環境状態になった。中世以降にヨーロッパの都市がコレラ、ペストの大流行に悩んだことが知られているが、日本でも江戸時代末～明治時代の半ばにはコレラ、ペストの流行を経験することとなった。(「東京都清掃事業百年史」、「公害と東京都」)

こうした経験を経て都市の環境の改善が行われて、今日の先進諸国の都市に見られるように、公衆衛生の確保、廃棄物の処理システム、下水道の敷設などの対応措置がとられてきた。そうした対応を行えば、人類史において古くからある汚水やごみの問題が解決される道筋が示されているといえるが、開発途上国における都市の問題は未だに古くからの都市の問題を未解決のままである事例が多く、また、先進国の都市も開発途上国の都市も、新しい都市の問題として、防災・環境汚染、産業廃棄物、住宅・交通輸送手段の確保などにも対処しなければならない状況にある。1800年頃に都市の人口は約2,500万人であったが、1980年代には約25億人になり、2025年頃には50億人を超えるとも予測されている。(「緑の世界史・下」、「世界の資源と環境1996-97」)

1-4 鉱工業、開発及び日常生活と環境

鉱工業が環境に及ぼした影響として、日本では典型的な公害病である水俣病、イタイイタイ病、四日市喘息がよく知られている。これらはいずれも工場から排出される環境汚染物質が人体に深刻な影響を与えた事例である。これらの例から知られるように、鉱工業はその活動によって大気汚染物質、水質汚濁物質を排出する可能性があり、また、騒音、悪臭、振動などは、深刻な人体被害を伴うものではないが、多くの住民に迷惑をかける可能性のある公害を引き起こすこと、有害な産業廃棄物は十分な管理を怠って処分すれば、周辺の水域や土壌環境に支障を生じることなどの可能性がある。

化学工業における人工の化学物質や金属冶金に伴う重金属等の有害物質による環境汚染は、典型的な事例である水俣病の原因となった有機水銀、イタイイタイ病の原因となったカドミウムなどがあるが、近年の鉱工業活動の拡大ととも

に、汚染物質をいかに管理、処分するかが問われている。日本では産業廃棄物は年間約4億トン排出され、その適正処理・処分とリサイクルは社会的な課題である。産業廃棄物の処理処分に関連して、香川県豊島の事例などのように、これまでの不法投棄による大量の無責任な処分事例などが相次いで明らかとなり、そうしたことを契機とする処分場の確保難が浮上して、大きな注目を集める事態となっている。国際的には先進諸国から開発途上国への有害廃棄物の移動の観点からも注目され、国際条約による規制ルールが設けられて対応がとられているが、1999年には日本の業者がこれに違反してフィリピンに再生用の古紙に医療廃棄物を混入して輸出する事件が発生した。

　工場等の立地、都市建設などにおいては、自然の山林を転用し、海岸や干潟を埋め立てて用地を確保するなどのように、開発そのものが自然環境の一部を破壊することにつながる場合がある。高速道路や新幹線鉄道網の整備は、「線開発」とでもいうべき開発であるが、都市地域、田園地域、自然地域を貫いて影響を与える開発で、騒音・振動による影響及び自然環境への影響と合わせて、景観に与える影響が注目される開発である。日本では1960年代から70年代に、第二次世界大戦後から高度経済成長期にかけて、東京湾、伊勢湾、瀬戸内海などで大規模な干潟と海岸地域の埋立てによる工業・都市・港湾開発によって、また高度経済成長期の後は、内陸の工業用地、都市用地、ゴルフ場等のレジャー施設、その他の開発によって自然環境が大きな影響を受けた。

　交通・輸送や日常生活もまた環境への負荷を与える人の活動である。交通・輸送は鉄道騒音、道路騒音による環境汚染の原因となっており、まだ解決の見通しの立たない問題である。道路交通は自動車排出ガスによる大気汚染の原因となり、都市部の交通量の多い道路周辺などで健康被害を心配させるような状態が続いている。

　日常生活に関係する生活排水は、産業排水と並んで水質汚濁負荷において高い割合を占め、琵琶湖、霞ヶ浦、諏訪湖、その他の都市近郊の湖沼や瀬戸内海のような閉鎖性の水域では富栄養化の原因となっていると考えられている。日常生活や事務所などの業務活動が排出する廃棄物は、日本では一般的には一般廃棄物の「ごみ」として取り扱われるが、年間5,000万トンに及ぶその処理処分

は、年間約4億トンの産業廃棄物とともに大きな社会的な費用負担と環境負荷を与えており、ごみの減量化、適正な処理・処分、再使用・再生使用の社会的な仕組の構築、推進が求められている。

産業活動、交通・輸送、日常生活はいずれもエネルギーを利用するために、地球の温暖化に関係する温室効果ガスである二酸化炭素を排出する原因となっている。現在は先進国の排出量が多いが、今後開発途上国においても経済開発が進むとともにエネルギー消費が増加するものと予想され、エネルギー利用と地球温暖化は人類社会の大きな課題である。

1-5 人口と文明

人と環境との関係を考えると、全体としては人の社会経済活動そのものが今日の環境問題に深く関わっていることが知られる。20世紀に急激に拡大した人類の社会経済活動は地球環境そのものに重大な影響を及ぼしかねないところに至った。エネルギーの大量消費、科学技術の駆使、自然環境の人為的な利用拡大など、人類の文明が環境に大きな負荷を与えている。そのような在り方は先進国によって導かれてきた。大量生産・大量消費・大量廃棄の仕組を世界中に拡大し、今日の地球温暖化、オゾン層の破壊、酸性雨、海洋の汚染、野生生物の絶滅などの地球環境問題を引き起こす主な原因となった。

開発途上国の環境を考えると、先進各国がこれまでに対処してきた環境の汚染、廃棄物の処理、都市問題への対応について、これから取り組まねばならない状況にある。開発を優先しがちな開発途上国では、森林・熱帯林、野生生物やその他の自然の保護への配慮は行き届かない場合がある。ところが地球規模のレベルで考えれば、先進国、開発途上国を問わず自然への配慮を求められるなど、地球環境問題への配慮は国際社会の共通の課題である。何よりも開発途上国には人口増加の抑制が期待されている。

現在は開発途上国とされる国々が、今後は経済的な発展を遂げると考えられ、また、世界人口が現在の約60数億人から、今世紀末頃には100億人を超えるまでに増えるとされることから、食糧・水資源などの資源の確保、環境の質の維

持、自然・野生生物との共生などを考慮した人と地球環境の共存という観点から考えると、地球における人類の活動は限界に近いところにあるのではないか、文明と人口の在り方を熟慮する必要があると考えられる。

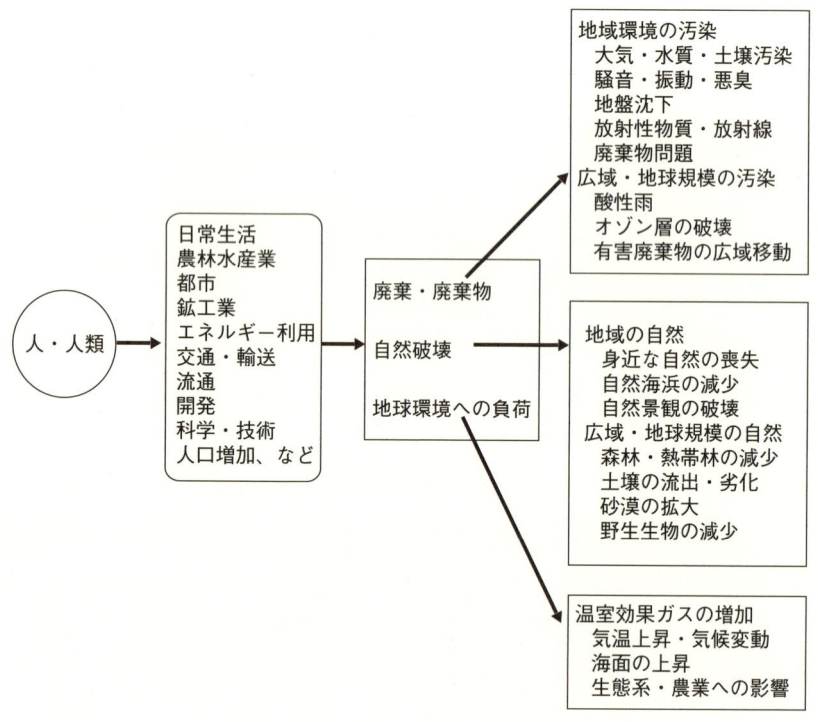

図1-1 人の活動と環境影響

第2章
◆◆◆
環境汚染と健康被害等

2−1 水俣病

　1956年4月21日に、熊本県水俣市の病院に一人の幼児が口がきけない、歩くことができない、食事もできないなどの症状により受診、入院し、さらに続いて同様の症状の3人が入院した。病院の医師が「原因不明の脳症状を呈する患者4人が入院した」(「水俣病のあらまし」)ことを5月1日に保健所に報告し、この日が水俣病の公式発見の日とされた。その後の調べで、医師のカルテや住民の記憶から既に1953年には発症した人があり、54年に12人、55年に15人、そして56年には52人が発病した。水俣湾沿岸ではそれ以前から魚介類が死んだり、沿岸で猫が狂死するような異変が見られていた。(「公害の政治学」、「水俣病のあらまし」)

　熊本大学の研究者などにより、原因の究明が進められ、水俣湾産の魚介類の摂取による中毒症であることが指摘され、やがてその中毒症状を引き起こす原因として水銀が注目されるようになった。有機水銀中毒について海外で発表された論文が存在した(「水俣病」)。1963年に熊本大学は「原因物質はメチル水銀化合物であることに間違いはなく、かつ、その本態はアルキル水銀基にある」(「水俣病・有機水銀中毒に関する研究」)という統一見解を発表した。熊本大学の研究グループはアルキル水銀の発生源として、新日本窒素水俣工場のアセチ

レンからアセトアルデヒドを製造する工程で触媒として使用される無機水銀がご く一部ながら有機化してメチル水銀になること、メチル水銀が工場から廃棄される汚泥の中に存在すること、それが水俣湾に排出されてきたことを明らかにした。

1964年10月中旬に新潟市内の病院に一人の患者が入院し、原因不明とされて新潟大学医学部に転院したが、1965年6月12日に新潟大学と新潟県が「有機水銀中毒患者7人発生、2人死亡」(「阿賀野川水銀汚染総合調査報告書」) と発表した。やがて新潟県の阿賀野川流域にも水俣病の存在が明らかとなり、水俣湾の場合と同様に上流にアセチレンを原料とし、無機水銀を触媒とする昭和電工 (株) のアセトアルデヒド工場が操業していた。

水俣湾周辺と阿賀野川の水俣病について、最終的な政府による公式見解が出されたのはさらに5年後の1968年であった。原因究明の過程で一部の研究者等から水銀以外の環境汚染物質の存在が主張され、また、阿賀野川流域については有機水銀について新潟地震 (1964年) 時に農薬が流出したとの説が出されるなど、議論があった。また、1959年には当時の厚生省食品衛生調査会は水俣病の原因について「主因をなすものはある種の有機水銀」との答申を行っていた (「水俣病の悲劇を繰り返さないために」) が、水俣湾産の魚介類について、食用を禁止するような措置はとられなかった。こうした状況は迅速な被害補償や救

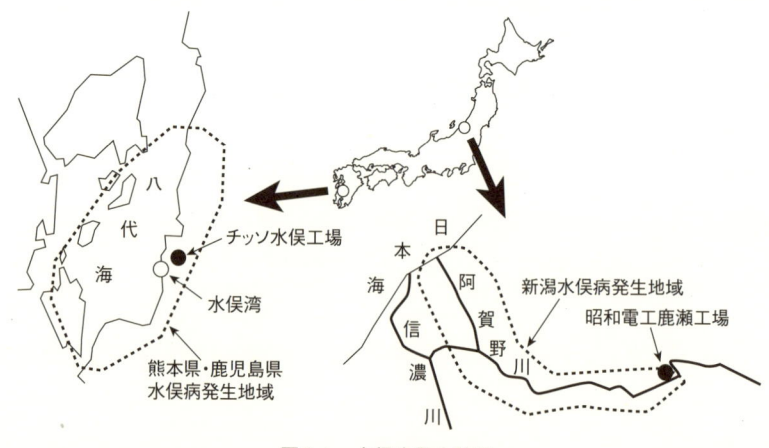

図2-1 水俣病発生地域

済、汚染の拡大などのリスクの回避などを遅らせることとなった。

　遅ればせではあったが1968年9月に、厚生省（当時）により「水俣病に関する見解と今後の措置」、科学技術庁（当時）により「新潟水銀中毒に関する特別研究についての技術的見解」が発表され、熊本水俣病について、チッソ水俣工場のアセトアルデヒド・酢酸製造施設において生成されたメチル水銀化合物が工場排水とともに排出され、水俣湾の魚介類を汚染し、やがて海域の生態系においてメチル水銀が濃縮された魚介類を地域の人達が摂食したことによって発症したと結論した。新潟水俣病について、阿賀野川上流には昭和電工鹿瀬工場があり、アセトアルデヒド製造施設で副生したメチル水銀を含む排水が阿賀野川に放流されていたこと、その結果川魚が直接にあるいは食餌を介してメチル水銀に汚染されて蓄積し、流域の人達が川魚（特に底棲性のにごいなど）を多食したために発症したと結論した。

　汚染のレベルについてであるが、水俣湾、その沖合いである八代海の魚介類について、総水銀で1960年の調査でイ貝の85ppm（月浦、乾重量あたり）、1966年の調査でアサリ貝の84ppm（同）、1961年の調査でチヌの47ppm（八幡沖、湿重量あたり）などが高濃度汚染の例である。総水銀に対するメチル水銀の割合については、1968〜69年の調査では、総水銀の汚染濃度が0.1〜1.6ppmのキス、タイ、アジ、フグなどについて、1〜54％であった（「水俣湾環境復元事業の概要」）。

　熊本大学の研究結果などから水俣病で亡くなった人の脳に水銀が沈着し、それが脳に拡がっているようすが明らかにされている。そのことを通じて典型的な水俣病症状を引き起こすこととなると考えられている。後に水俣湾、八代海や阿賀野川流域でメチル水銀汚染によりそうした症状を示す人について、いわゆる典型的な公害病の1つとして『水俣病』の被害補償が行われるようになるが、「公害健康被害の補償等に関する法律」は被認定の要件として、後天性のものについて、四肢末端、口囲のしびれ感にはじまり、言語障害、歩行障害、求心性視野狭窄、難聴などをきたすこと、胎児性・先天性のものについて、知能発育遅延、言語発育遅延、言語発育不全、運動機能の発育遅延、流涎などの脳性マヒ様の症状、などを挙げている。

表2-1　メチル水銀による人体影響発症閾値

一日平均摂取量	3〜7μg/kg体重
体内蓄積量	15〜35mg（体重50kg）
血中総水銀	20〜50μg/100ml
頭髪総水銀濃度	50〜125μg/g

出典：環境庁、「水俣病その歴史と対策」
（原典は「IPCS 環境保健クライテリア No.101・メチル水銀」等）

　メチル水銀汚染による人の健康影響の発症について発症閾値が表2−1のように整理されている。

　1968年の政府による水俣病に対する公式見解はその後の被害の補償などを進展させることとなった。当時患者等と発生源企業の間で争われていた「新潟水俣病事件」、「水俣病事件」の判決（1971年、1973年）はいずれも発生源企業の責任を認めて損害賠償を命じた。また、1969年に公害健康被害の救済に関する法律、1973年にはさらに救済だけではなく公害健康被害の補償を行う法律の制定を促すこととなった。これまでに法律に基づいて認定された水俣病の患者数は2,958人、そのうち熊本県1,776人、鹿児島県490人、新潟県692人で、そのうち生存している人は895人、熊本県に468人、鹿児島県に181人、新潟県に246人である（2007年3月末現在、「平成19年版環境循環型社会白書」）。

　水俣湾産の魚介類については、1957年に当時の厚生省が「摂食されないように指導されたい」としたことにより、県による行政指導がなされ漁獲の自粛を求める措置を行った。水俣市漁協はそれ以前から一部の海域の漁獲の自主規制を行っていたが、1960年頃以降は新たな患者の発生が無くなったと考えられ一旦は1964年には自粛が解除された。しかし、1973年頃になって魚介類はまだ危険で多量の摂食は発病のおそれがあるとされたために1974年1月から水俣湾口に仕切網を設ける措置がとられた。

　熊本県による水俣湾の水銀汚染汚泥等の除去事業が1977年から始められ、一時期に埋立工事の一時中断などの曲折はあったが、高濃度の水銀汚染汚泥の存在海域を埋め立て、一部の汚泥については浚渫して埋立地に投入することにより、1990年に事業を終了し、安全な状態に回復されたとして仕切網が完全に撤去されたのは1997年であった。汚泥の除去や埋立工事は公共事業として実施さ

れたが、汚染の原因者である新日本窒素(株)は「公害防止事業費事業者負担法」に基づいて事業費のおよそ60％に相当する約300億円を負担した。新潟県阿賀野川の有機水銀汚染については、汚染の原因者は昭和電工(株)とされたが、汚染汚泥の除去等については、新潟県の指導のもとで会社側が独自に浚渫し、浚渫後はその上をコンクリートで覆い、また汚染土は工場内にコンクリート封入する対応を行った。

2-2 イタイイタイ病

イタイイタイ病は神通川の流れが富山平野に至った流域で発生した。上流の岐阜県神岡町付近は古くは8世紀頃から金を産出していたことが知られるが、明治期には金ではなく、鉛、亜鉛の鉱山として民間の経営に移っていた。江戸時代の19世紀始め頃の記録に既に鉱山活動によると考えられる水質汚濁の苦情の申し入れ事例が見られるが、明治時代以降は、1875～1889年の間の悪水除去の申し入れ事例、1932年に富山平野の南部地域の農作物の被害について鉱業所に陳情が行われた事例、1941、42年にかなり甚大な農業被害が発生し、関係町村代表者等が鉱業所に陳情し、農林省（当時）の調査官が調査記録を残している事例などがある。

一説では大正時代から地方の奇病として痛みが激しくて「イタイイタイ」と叫ぶ奇病がみられたという。その存在が知られるようになるのは第二次世界大戦の後である。地元の医師の萩野氏は戦後ほどなくイタイイタイ病患者と考えられる人を診察した生々しい状況を記している（「イタイイタイ病との闘い」）。1955年には臨床外科学会に報告され、その頃以降から研究者等により原因の究明がなされるようになった。

1959年頃に研究者等にカドミウムによる汚染が原因ではないかとする情報が提供され、これがその後の原因究明の大きな契機となった。研究者等は河川水、井戸水から鉛、亜鉛の他にカドミウムを検出した。1967年頃には厚生省（当時）の研究班は、富山県大沢野町、婦中町などの地域の神通川本流によって灌漑される水田土壌について、カドミウム、鉛、亜鉛による汚染が水源の異なる隣接

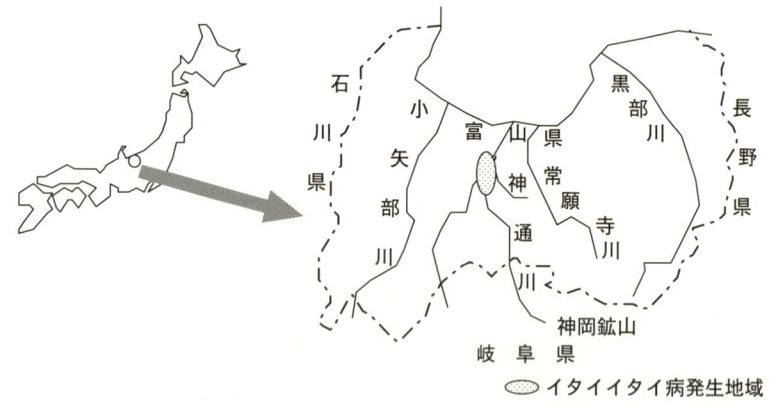

図2-2 イタイイタイ病発生地域

河川の汚染に比べて高濃度であること、水田土壌の上層と水口における汚染濃度が高く、神通川本流の各用水を介して運ばれてきたと考えられること、用水による高濃度重金属類の流入時期が主として1923年以降であると考えられること、神通川水系の河川水・川泥の重金属類の分布は三井金属鉱業神岡鉱業所付近に高濃度がみられることから下流の水田の汚染はこれに起因すると考えられること、などを報告した。

慢性カドミウム中毒については、フランスのカドミウム工場労働者6名にイタイイタイ病と同様の所見がX線で認められた1942年の事例、イギリスのカドミウム工場の従業員に、尿細管が侵され、再吸収機能に障害が生じてカルシウムの体外流出が多くなって骨軟化症におちいるファンコニー症候群を起こしていると考えるべき例があったとする1963年の報告があった。日本の研究者等による動物実験では、100ppmのカドミウムを含む飼料を与えたラットに骨の量が減少し、骨が柔らかくなっているとする小林の実験結果、白鼠に低カルシウムを与えて300ppmのカドミウムを含む飲料水を5ヵ月間与えて骨粗鬆症、中には骨軟化症を認めた実験結果、100～200ppmのカドミウムを半年から1年間飲用させてイタイイタイ病と同じ症状となったとする富山県立中央病院の実験結果、などがあった。(「イタイイタイ病裁判・第1巻」)

イタイイタイ病に関する政府の公式見解は1968年5月に発表された。見解は、イタイイタイ病は、カドミウム慢性中毒によりまず腎臓障害を生じ、骨軟化症をきたし、これに妊娠、栄養状態によるカルシウム不足などが誘因となって起こること、その発生は神通川流域の一部の地域に限られて対照地域として調査した他の水系等ではカドミウム汚染や病気の発生は認められないこと、慢性中毒の原因物質としては神通川上流の三井金属鉱業株式会社神岡鉱業所の事業活動に伴って排出されるもの以外にはみあたらないこと、カドミウムを含む重金属類は長年月にわたり神通川水系の用水を介して本病発生地域の水田土壌を汚染・蓄積したこと、その土壌中に生育する水稲・大豆等の農作物等を汚染していたものとみられること、カドミウムが住民に食物や水を介して摂取・吸収されて腎臓や骨等の体内臓器にその一部が蓄積されて主として更年期を過ぎた妊娠回数の多い、居住歴のほぼ30年程度以上の当地域の婦人を徐々に発病にいたらしめて十数年におよぶものとみられる慢性の経過をたどったものと判断されること、などを指摘した。(「富山県におけるイタイイタイ病に関する厚生省の見解」)

水俣病の例と同様に、この政府による公式見解はその後の被害の救済や補償などを進展させることとなった。当時患者等と発生源企業との間で争われていた「イタイイタイ病事件」の判決（控訴審判決、1972年）はイタイイタイ病と被告の排水との間に相当因果関係を認めて被告に損害賠償を命じた。1973年に制定された公害健康被害の補償を行う法律ではイタイイタイ病も補償の対象となる疾病とされ、法律に基づいてこれまでに認定された患者数は191人、そのうち生存している人は4人である。また、富山県による独自の要観察者が1人である。(2006年12月末現在、「平成19年版環境循環型社会白書」)

1967年頃のカドミウムによる汚染に関する調査結果によれば、玄米中のカドミウムが1 ppmを上回るものが検出されている。1970年に制定された「農用地の土壌の汚染防止等に関する法律」は農用地で土壌汚染防止対策を講じるべき地域の要件として、米に含まれるカドミウムの量が1 ppm以上の地域と規定した（同法政令第2条第1項）。後に1992年には土壌汚染の環境基準が定められたが、カドミウムに係る土壌汚染の環境基準に関しては、農用地においては米1kgあたりカドミウム1mg（1ppm）未満と決定されている。

玄米中のカドミウム濃度が1.0ppmを超えたものは、指定場所に集荷保管して一般に流通しないようにし、これにより当時約5万5,000トンの流通が凍結された。食糧庁の承認を受けた食用以外の用途に売却する措置がとられた。なお、1.0ppm未満のものは売渡し措置がとられた。(「昭和46年版富山県環境白書」)1971～1976年度の6年間にわたりイタイイタイ病の発生した神通川流域両岸の農用地約3,130haについて、玄米、土壌を調査し、玄米中カドミウム濃度が1.0ppm以上の汚染米が検出された地域では水稲の作付けを停止する措置がとられた。調査結果に基づいて、1977年11月までに、カドミウム汚染に係る農用地土壌汚染防止対策地域として、富山平野の神通川左岸1,018.4ha、同右岸482.2haの計1,500.6haが指定され、1978年から第1～3次に分けて土壌汚染防止対策が実施されている。事業は「公害防止事業費事業者負担法」に基づき対策計画を策定し、土地改良法等に基づく公害防除特別土地改良事業として、汚染原因となった企業から一定割合の費用負担を求めて実施されてきた。既に第1、2次の対策事業地域についてすべての地域で作付け可能となり、また第3次の地域でも作付け可能な地域が増えてきている。総事業費は計画ベースで約300億円、その内発生源企業の負担は約40％に相当する約120億円である。(「平成10年版富山県環境白書」)

2-3 大気汚染物質による健康被害

イギリスでは13世紀頃には木材のかわりに石炭を燃料として多く使うようになり、その頃から既に煙や悪臭に悩まされはじめ、19世紀の後半には死亡者の増加が記録されるようになり、20世紀にはさらに事態は深刻となった。1952年の「ロンドンスモッグ」事件はそうした背景の中で発生した。12月5日から9日頃までロンドン上空を覆った移動性高気圧の下で風のない安定な状態が続いて大気汚染物質が滞留し、呼吸器疾患等の症状の人が急増し、スモッグの去った後も約2週間にわたって呼吸器症状を苦しむ人の多い状態が続いた。スモッグに覆われた期間及びその後2週間ほどの間に通常のこの時期の冬の期間よりも約3,500～4,000人の余剰死亡者があった。

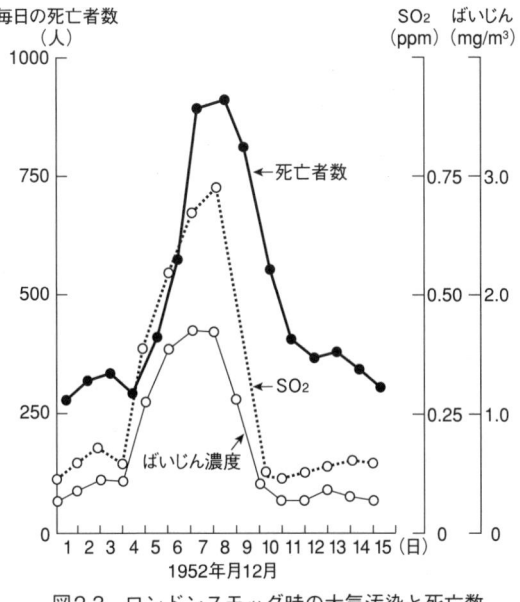

図2-3 ロンドンスモッグ時の大気汚染と死亡数
出典:「大気汚染と制御」

　1961年の夏に、四日市市磯津地区で工場側から風が吹く日に咳が出る、のどがおかしい、激しいぜん息になるという症状を訴える人が多くなり、やがて「四日市喘息」として水俣病、イタイイタイ病と並ぶ典型的な「公害病」として注目されるようになった。三重県立大学の吉田教授の研究で当時66名の喘息患者の発生が明らかにされ、地区の全人口比で2.34％、50歳以上の人口比では9.51％、70歳以上では19.44％であった。高齢の患者の方の中から自殺者が出るに至り、また、若い中学生にも死亡する例が生じた。(「四日市公害・環境改善の歩み」、「四日市公害の10年の記録」)

　1964年に厚生省(当時)は四日市市、大阪市において、二酸化硫黄の大気汚染について汚染地区、非汚染地区の別に慢性気管支炎による呼吸器症状有症率の調査を行い、両市ともに汚染地区で有症率が高いとの結論を得ている。

　1967年に四日市市の喘息患者ら12名の原告により、地域で操業する6社の企業を被告とする「四日市ぜん息事件」が提訴された。1972年の判決では、この地域の硫黄酸化物汚染にばいじんなどの汚染が加わった大気汚染が原因と認め

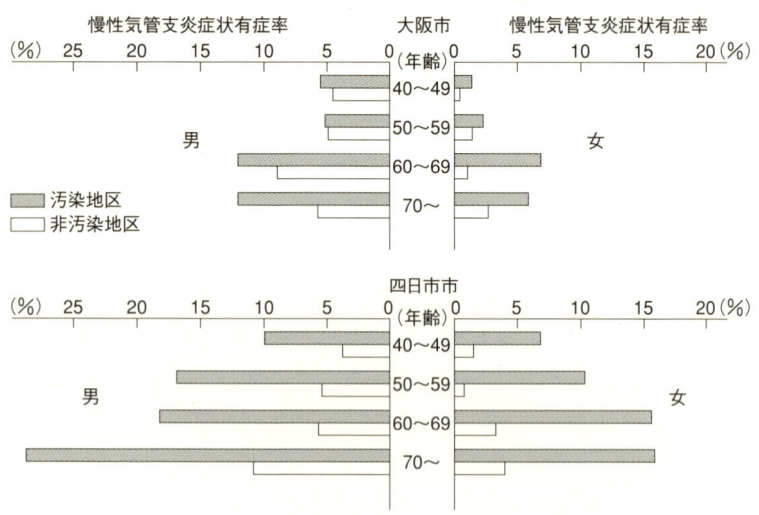

図2-4 年齢別慢性気管支炎症状有症率（1964年）
出典：「昭和44年版公害白書」

られること、被告6企業に共同不法行為があることとした。さらに被告側が、立地にあたって事前に汚染物質の排出、地域の気象条件等と付近住民への影響等を調査研究すること、ばい煙による健康被害が起こることのないように操業すること、に関する注意義務を怠って漫然と操業したと指摘した。その上で被告側の損害賠償責任を認める判決をした。水俣病、イタイイタイ病に関する判決とともに、四日市喘息に関する判決もその後の公害健康被害補償制度の在り方に大きな影響を与えた。1973年に制定された公害健康被害の補償制度に関する法律では、大気汚染系の健康被害を制度に加えることとした。その結果1978年までに四日市市を含む全国の41の地域について、大気汚染に係る公害健康被害の補償を行う地域に指定した。

2-4 健康被害の補償

喘息患者が発生した四日市は1965年には市の独自の制度によって患者の人に医療費の補填を行う制度をスタートさせ、法律の救済制度が発足する頃まで続

けられた。同様に1966年には新潟県が「新潟水俣病」の要観察者に医療費等を支給するなどのように、地方自治体が公害健康被害を受けたと考えられる人への医療費給付などを制度化させていた。

1967年に制定された「公害対策基本法」(1993年に環境基本法の制定とともに、同法に吸収されて廃止された)は政府に対して公害被害の救済のための制度を確立することを規定した（第21条第2項）が、この規定は現実に起こっている被害に対して政府に救済制度を設けるよう求めたものであった。この主旨から1969年に「公害に係る健康被害の救済に関する特別措置法」(以下「救済法」)が制定された。救済法では水俣病、イタイイタイ病、四日市市を含む12地域における大気汚染系の呼吸器症状、及び慢性ヒ素中毒の認定患者について、医療費等を支給した。救済法によって支給する医療費等については産業界が全体の半分を負担した。

医療費等の支給を主旨とするこの救済法の制度は損害賠償などの本格的な補償制度が設けられるまでの暫定的とも考えられるものであった。1971〜1973年にかけて、水俣病、イタイイタイ病、四日市喘息に関する民事訴訟において、相次いでいずれにおいても被告である汚染物質排出企業に損害賠償責任を認める判決がなされ、確定するようになってきたことから、公害健康被害の補償を行う法制度を確立することが必要となった。

1973年に「公害健康被害補償法」(後に改正されて現在は「公害健康被害の補償等に関する法律」に改称されている)が制定された。この法律は、救済法を廃止して、救済法で対象としていた水俣病、イタイイタイ病、慢性ヒ素中毒、及び慢性気管支炎等の大気汚染系の疾病をそのまま引き継いだ。その上で、救済法では大気汚染系の指定地域は12地域であったが、指定要件を満たすその他の地域が指定されて1978年までに41地域となった。

水俣病、イタイイタイ病、慢性ヒ素中毒については、それぞれにその特異な症状が特定されてその症状を有する人が認定された。大気系の呼吸器症状についてはそれが特異な症状ではなく、喫煙、アレルギーなどによっても起こり得る非特異な症状であったために、法制度の検討にあたって議論がなされたが、年平均濃度で0.05ppm以上の二酸化硫黄大気汚染があった地域で、呼吸器症状の

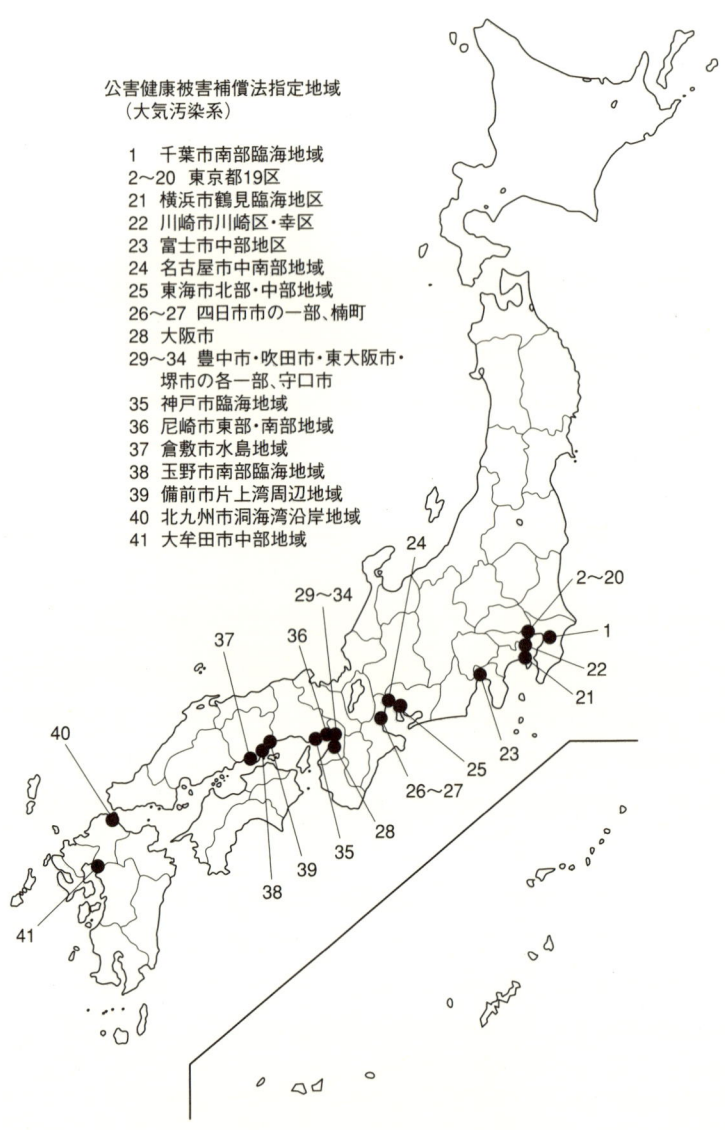

図2-5　大気系公害病認定地域（指定解除前）

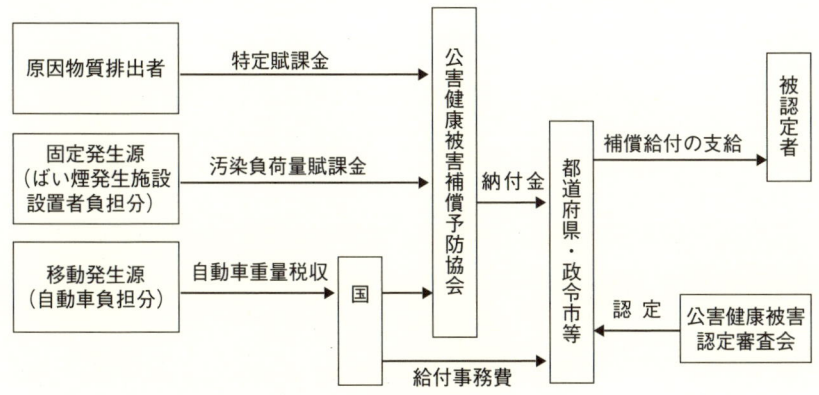

図2-6　公害健康被害補償の仕組
出典：公害健康被害補償予防協会資料により作成
注　：「公害健康被害補償予防協会」は2004年4月から「(独)環境再生保全機構」に統合・改組
　　　されている。

有症率が自然有症率の2倍以上の地域であるとして指定地域となった地域で症状を有する人については審査を行って認定する制度をとることとなった。

　法制度の補償費用については、水俣病などの特異な症状が特定できるものについてはそれぞれ原因となった発生源企業の賦課金によった。大気汚染系の認定患者の補償費用については、一定規模以上の大気汚染物質排出施設を持つ工場等が汚染物質（硫黄酸化物）排出量に応じて補償費用全体の80％を負担すること、大気汚染物質を排出する自動車の保有者の重量税から補償費用全体の20％を負担することにより賄われることとなった。また、補償金額については症状等に応じて算定方式が決められて、算定、支給されることとされた。なお、水俣病、イタイイタイ病の補償については認定者と企業との間で独自の算定と支払いが行われる例がほとんどであった。

2-5　大気系公害健康被害補償制度の改正及び水俣病被害救済等

　1973年に公害健康被害補償法による制度が設けられた当初は大気系の認定者数は約1万4,000人ほどであったが、1970年代の後半から1980年代にかけて認定者数が増えて1987年には10万人を超え、補償総額は1980年度には約600億

円、1987年度には1,000億円を超えた。一方、二酸化硫黄汚染はこの間に汚染対策によって低下し、法制度の制定当初において大気系公害被害の指定地域の指定要件であった二酸化硫黄年平均0.05ppm以上であるような地域は全く無くなった。大気汚染に関してはむしろ浮遊粒子状物質、二酸化窒素による汚染について二酸化硫黄ほどには改善が進まない状態が続いた。

　こうした状況から制度の見直しが行われた結果、1985年当時の時点で、大気汚染は呼吸器症状の主因とはいえないとの判断がなされ、1987年に法改正がなされ、法律は「公害健康被害の補償等に関する法律」に改称された。改正により大気系の全国41指定地域は解除されて、新規の認定はなされないこと、解除前の認定者への補償は継続されることとなって今日に至っている。なお、近年大気汚染に係る尼崎訴訟、名古屋訴訟、東京訴訟の一審判決において相次いで自動車排出ガスに起因する浮遊粒子状物質（ディーゼル微粒子）による健康被害を認める判決がなされたが、その後いずれも原告側、被告側が和解している。このうち、東京訴訟に関する和解については、東京都が医療費助成制度を創設し、東京都、国、首都高速道路（株）、自動車メーカーが資金を拠出して、都内に1年以上在住で気管支ぜん息の人を対象に医療費を助成するとして、2007年8月に和解が成立した。（東京都「東京大気汚染訴訟の和解について」）

　水俣病について、法律に基づく認定者について公害健康被害の補償がなされ

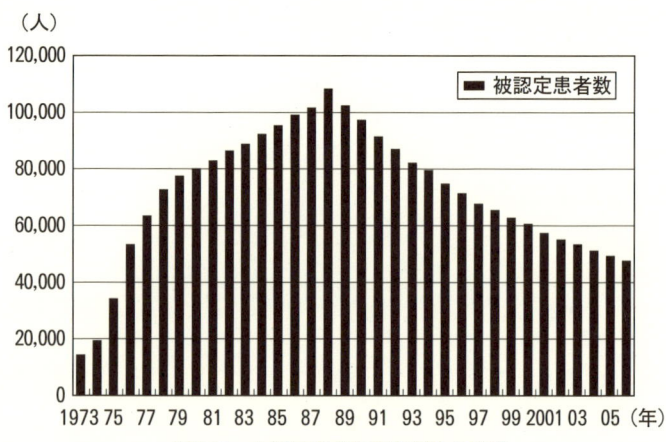

図2-7　大気系公害病認定者数の推移
注：各年版環境白書により作成

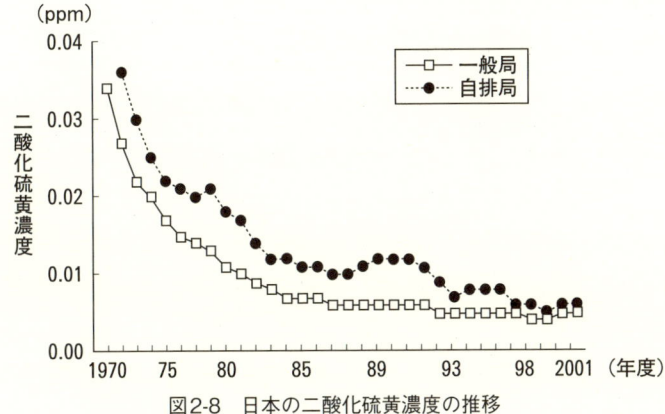

図2-8　日本の二酸化硫黄濃度の推移
出典:「平成19年版環境循環型社会白書」
注　：二酸化硫黄の環境基準値に相当する年平均値は概ね0.017～0.020ppm程度である。

てきたが、申請をしても認定をされない人があった。1973年に水俣病第二次訴訟が提起された。提訴の時期にはいわゆる「四大公害裁判」の1つの第一次訴訟の判決以前であった。この訴訟の原告数は第一審判決時に公害健康被害補償法では未認定の14名であったが、判決ではそのうちの12名について損害賠償請求が容認され、原告、被告双方の控訴によって高裁で裁判が続いた。1985年の控訴審判決は、判決時点で5名の未認定患者のうち、4名について600～1,000万円の損害賠償請求を容認し、判決は確定した。(「環境庁二十年史」、「水俣から未来を見つめて」)

公害健康被害補償法に基づく認定を受けようとする人の数について、1980年3月末の水俣湾周辺に係る申請者は熊本県5,261人、鹿児島県737人であったが、それは現在(2007年3月末)の認定者数(熊本県1,776人、鹿児島県490人)を上まわり、認定を受けられない人の中には環境庁長官(当時)に行政不服審査請求を提出した人があり、請求件数は1980年3月末に453件であった(「昭和55年版環境白書」)。

こうした人たちにより、1980年に「水俣病第三次訴訟」が提訴されるなどの訴訟が提起され、1988年時点で8件の訴訟が裁判所において係属しており、原告数は約2,300名であった(「水俣から未来を見つめて」)。これらについて地方裁判所の判決で、原告を水俣病とするもの、四肢の感覚障害等を有機水銀の影響

とするもの、水俣病と診断できないとするものなどがあり、国・県の賠償責任を認めるもの、汚染原因企業のみの賠償責任を認めるものなどがあった。環境庁(当時)の中央公害対策審議会(当時)は、水俣病発生地域でレベルに違いのある様々な曝露があったと考えられること、健康に不安を持つ多くの人が存在すること、行政施策が必要であることなどを答申した。この答申を得て、1992年4月から、メチル水銀曝露を受けた可能性のある人に対する健康診査を行う健康管理事業、水俣病の認定を受けることはできないが四肢末端の感覚障害のある人に療養手帳を交付し、医療費等を支給する医療事業を行う水俣病総合対策医療事業が、受付期間を1995年3月(一部1996年2月21日まで)として、行われるようになった。1999年2月21日まで4,790人が対象者となった。(「平成6年版環境白書・各論」、「平成8年版環境白書・各論」、「平成18年版環境白書」)。

　1995年に政治的な解決策が模索され、同年末までに1件の水俣病訴訟グループを除いて和解が成立した。合意の主な点は260万円の一時金支払い、原告の訴訟の取り下げであった。1995年1月に、「水俣病対策について」閣議了解し、熊本県・鹿児島県・新潟県による水俣病総合対策医療事業の医療手帳(療養手帳を改称)の申請の受付を再開し、1996年7月まで受け付けること、医療手帳の対象とならない人で一定の神経症状を持つ人に保健手帳を交付して医療費等を支給すること、一時金の支払いを行う原因企業に資金の支援措置を行うこと、などとした。この医療事業受付により、11,152人が医療事業該当者、1,222人が保健手帳該当者とされた。(「平成18年版環境白書」)

　一方、1995年の和解に参加せず、裁判を継続した「関西訴訟」と呼ばれた訴訟について、2004年に最高裁判決がなされ、1960年当時に排水規制を行わなかった国、県にも責任があったとし、国と県に対し原告の37人に7,350万円(一人当たり150〜250万円)の賠償を命じた。この後、環境省は2005年4月に「今後の水俣病対策について」を発表し、これに沿って2005年10月から、保健手帳の発行対象者について医療費の自己負担分を全額給付することとしたうえで、交付申請の受付を再開した。2007年3月末までに新たに9,066人に医療手帳が交付された。一方、関西訴訟の判決後、水俣病の認定を新たに申請している人は2007年3月末に5,095人にのぼっている。(「平成19年版環境循環型社会白書」)

第3章
◆◆◆
環境汚染と健康影響等

3-1 環境汚染と健康影響

　環境汚染物質等が人の健康に影響を与えるについては、大気汚染物質が呼吸器等に影響を及ぼす影響、水俣病、イタイイタイ病のように体内に吸収された汚染物質によって特異な症状を生じさせるような影響、ダイオキシン類のように発ガンが心配されるような影響などがある。

　環境汚染物質の影響について、一定の暴露以上で影響が現れるような汚染物質については「閾値がある汚染物質」、どのように低い汚染レベルであっても影響のリスクがあるような汚染物質については「閾値がない汚染物質」とされる。多くの環境汚染物質については閾値があると考えられているが、環境汚染物質のベンゼンは閾値がないと考えられている物質である。

　一般的に閾値がある汚染物質では濃度、曝露時間、曝露回数の組み合わせが影響の程度に関係していると考えられている。例えば影響の程度については、

① 影響が認められない、
② 可逆的な影響が認められる、
③ 影響がありそれが可逆的であるか不可逆であるかが不明である、
④ 疾病に関係のある変化が認められる、
⑤ 発病し、あるいは致死する、

などのようなレベルに区分できる（「二酸化窒素の人の健康影響に係る判定条件等について・中央公害対策審議会答申（昭和53年3月）」）。それぞれの環境汚染物質について、

（濃度）×（曝露時間）×（曝露回数）　→　影響の程度①～⑤

の関係を知ることでどのように環境の水準を維持しなければならないかが決まることとなる。

　日本の環境基本法は環境基準を「……人の健康を保護し、及び生活環境を保全する上で維持されることが望ましい基準……」（第16条第1項）と規定し、それは維持されることが望ましい行政上の政策目標としての基準であるとしている。最大許容限度（その限度までは汚染をやむを得ないとするレベル、その限度を超えると健康等に影響を及ぼす可能性のあるレベル）ではなく、また、受忍限度（この程度までならば汚染を我慢しなければならないというレベル）でもなく、積極的な政策目標と位置付けている（「環境基本法の解説」）。このことから知られるように、日本の環境基本法の環境基準の定義が諸外国と共通というものではない。

　概念的には「③影響がありそれが可逆的であるか不可逆であるかが不明である」レベルのあたりにおいてどのような科学的な事実に基づいて、どのような値に環境基準を定めるかを見極める必要がある。環境汚染物質による一般公衆への影響は、幼児や病弱者などを含み、年令差、性差、その他の個人差の多様な人々により構成される集団への影響を考慮し、また、影響が生じるかどうかが明確でないような低レベルの汚染における影響を見つけ出す必要があり、動物実験、作業環境での影響事例、疫学的な調査・研究等の情報等を検討し、決定される。最終的にどのような科学的な根拠でどういう影響やリスクを回避するために設ける濃度のレベルであるかが、環境基準を決める場合の議論の焦点となる。

3-2 大気汚染と環境基準

　四日市喘息などのような例にみられる大気汚染の健康影響は大気汚染物質が気管、気管支などを刺激して起こる。公害健康被害補償制度において補償の対象とされていた疾病は、気道閉塞を起こして過剰な「たん」や「せき」を伴う慢性気管支炎、細気管支、肺胞にまで及ぶ影響を伴って気道閉塞症状となる肺気腫、気管や気管支への刺激のために喘息の発作を起こす気管支喘息、幼児にみられる喘息に似た喘鳴（ぜいめい。呼吸器が「ゼロゼロ」というような音を発すること）症状を伴う喘息性気管支炎である。

　これらの症状を起こす大気汚染物質としては、二酸化窒素、二酸化硫黄、浮遊粒子状物質、光化学オキシダントがある。日本の環境基準はこれらの大気汚

表3-1　大気汚染環境基準

大気汚染物質	環境基準	主な発生源
二酸化硫黄	1時間値0.1ppm以下 日平均値0.04ppm以下	燃料の燃焼 金属冶金
二酸化窒素	日平均値0.04〜0.06ppmの範囲内 またはそれ以下	燃料の燃焼 自動車排出ガス
浮遊粒子状物質	1時間値0.2mg/m³以下 日平均値0.1mg/m³以下	燃料の燃焼 自動車排出ガス
一酸化炭素	8時間平均値20ppm以下 24時間平均値10ppm以下	自動車排出ガス
光化学オキシダント	1時間値0.06ppm以下	（注1）
ダイオキシン類	日平均値0.6pg-TEQ/m³以下（注2）	ゴミの焼却
トリクロロエチレン	年平均値0.2mg/m³以下	化学工業等
テトラクロロエチレン	年平均値0.2mg/m³以下	化学工業等
ジクロロメタン	年平均値0.15mg/m³以下	化学工業等
ベンゼン	年平均値0.003mg/m³以下	化学工業等

注1：「光化学オキシダント」を発生する特定の発生源は無く、大気汚染物質の二酸化窒素、炭化水素が大気中で光化学反応によりオゾンなどの酸化性の強い大気汚染物質を生成することにより発生する。夏期の太陽エネルギーの強い時期に高濃度になり易い。
　2：体重1kgあたり。pgは10^{-12}g。TEQは毒性のレベルの異なるダイオキシン等を2,3,7,8-ダイオキシンの毒性に換算して加算した値
　3：ppmは百万分の1（10^{-6}）
　4：ダイオキシン類の環境基準はダイオキシン類対策特別措置法第7条に基づくもの、その他の環境基準は環境基本法第16条に基づくものである。

染物質についてこうした呼吸器への影響を勘案したレベルが定められている。

大気汚染物質のうちで一酸化炭素については、呼吸器への影響ではなく、血液中のヘモグロビンの酸素輸送に影響する。血中のヘモグロビンは肺で二酸化炭素と酸素を交換するが、一酸化炭素で汚染された空気を吸入した場合には、ヘモグロビンと一酸化炭素との結合力が酸素との結合力よりも強いために、一酸化炭素ヘモグロビン(COHb)を形成して血中の酸素不足を生じさせる。人への影響は作業能率の低下や判断の遅れなどに始まり、頭痛、嘔吐、さらに高濃度になれば死に至る。こうした健康への影響を勘案して環境基準が定められている。

有害な化学物質として、ダイオキシン類、ベンゼン、トリクロロエチレンなどの環境基準が定められている。ダイオキシン類については、動物実験の結果から低濃度で発ガン性を示す実験結果が得られており、そうした実験結果を人に対する影響に適用するについて安全性を考慮したうえで環境基準が決められている(「ダイオキシンのリスク評価」)。トリクロロエチレン、テトラクロロエチレ

表3-2　大気汚染の現状

大気汚染物質		測定(調査)地点数	環境基準適合地点数(割合%)
二酸化硫黄	一般局	1,319	1,315　(99.7)
	自排局	85	85　(100)
二酸化窒素	一般局	1,424	1,423　(99.9)
	自排局	437	399　(91.3)
浮遊粒子物質	一般局	1,480	1,425　(96.4)
	自排局	411	385　(93.7)
一酸化炭素	一般局	91	91　(100)
	自排局	304	304　(100)
光化学オキシダント		1,184	3　(0.3)
トリクロロエチレン		406	406　(100)
テトラクロロエチレン		405	405　(100)
ジクロロメタン		406	406　(100)
ベンゼン		458	440　(96.1)

出典：「平成19年版環境循環型社会白書」
注 1：2004年度
　 2：「一般局」は一般環境大気測定局で大気汚染防止法第22条に基づく測定局
　 3：「自排局」は自動車排気ガス測定局で大気汚染防止法第20条に基づく測定局

ンについては、動物実験で発ガン性を有することが確認されていること、発ガン性以外の毒性として中枢神経障害、肝臓・腎臓障害等が指摘されていることなどから環境基準が定められている。ジクロロメタンについては、人への発ガン性の可能性は小さいと考えられているが、人の神経系、肝臓への影響から環境基準が定められている。(1996年12月、「中央環境審議会大気部会・環境基準専門委員会報告」による)

ベンゼンについては発癌性があり白血病に対する疫学的な証拠があること、多発性骨髄腫、悪性リンパ腫等を起こす可能性があること、閾値がない物質と考えることが妥当であることなどが指摘された(1996年10月、中央環境審議会大気部会・環境基準専門委員会報告による)。このためにベンゼンに関する環境基準の設定については生涯リスクレベル10^{-5}(10万人に一人の割合の生涯リスクレベル)を目標として環境基準が定められている(「平成9年版環境白書」)。

これらの環境基準に対する日本の大気汚染の現状であるが、光化学オキシダントについて全国的に環境基準に不適合である。特に夏期においては環境基準のレベルを超えるだけでなく、関東地域、愛知・三重県の地域、瀬戸内海沿岸地域等では、大気汚染防止法において人の健康や生活環境に被害が起こるおそれがある場合の「緊急時の措置」の「注意報」を発令するべきレベルとして定められている0.12ppmを超え、目の刺激などの影響を訴える人があるような高濃度日がある。

浮遊粒子状物質について、一般大気環境測定局(一般局)、自動車排出ガス測定局(自排局)ともに数％の測定局で環境基準に不適合である。しかし、2001年度から2005年度の5年間の推移を見ると、年によりばらつきがあるが、適合率が向上してきている。

二酸化窒素について、一般局ではほとんどの測定局で環境基準に適合する状態になっている。一方、交通量の多い道路の影響を受ける自排局では、まだ環境基準に適合しない測定局がある。しかし、2001年度から2005年度の5年間の推移を見ると年々、適合率が向上してきている。

二酸化硫黄は、1960年代から70年代にかけて、「四日市喘息」の四日市市を始め全国の41の地域を公害健康被害の発生地域として指定するような事態とな

った主原因と考えられているが、現在は改善されて問題のないレベルを維持している。一酸化炭素については1960年代の後半に急速な自動車の普及とともに東京、大阪などの主要道路沿道で現在の環境基準を上回る汚染が生じたが、その後の自動車排出ガスの規制により全国的に問題のないレベルとなっている。有害大気汚染物質であるベンゼンについて、環境基準不適合地点があるが、テトラクロロエチレン、トリクロロエチレン、ジクロロメタンについては環境基準以下のレベルである。

3-3 水質汚濁と環境基準

　水質汚濁は、水俣病の原因となったメチル水銀、イタイイタイ病の原因となったカドミウムの例から知られるように、人が直接に、あるいは汚染された魚や農作物を通じて間接的に摂取することによって健康被害を生じさせる。水道用水、農業用水などのための取水がなされるような水域、漁業が行われているような水域のように、一般公衆により種々の利用がなされるような河川、湖沼、港湾、沿岸海域などの公共の用に供される水域等を水質汚濁防止法は「公共用水域」と定義しているが、公共用水域を汚濁することにより人の健康に影響を及ぼすような物質について人の健康保護に係る水質汚濁環境基準が設けられている。メチル水銀（アルキル水銀）、カドミウムの他に、ダイオキシン類、農薬（チウラムなどの3種）、有機塩素化合物（ジクロロメタンなど10種）、ヒ素、シアン、ベンゼン、PCBなどの27物質等について定められている。

　台所や洗濯排水などのようないわゆる生活排水は食品、石鹸・洗剤などに由来する有機物を含み、家畜のふん尿、農業用の肥料や養殖漁業用の餌なども有機物を含むが、それらの有機物が水域に流れ込むと用水上の支障や魚種・漁業への支障などを生じさせる。汚染があまり進まない段階では水域は好気性のバクテリアによる有機物の分解が行われて魚や水草が生息するが、汚濁が進めば貧酸素状態に、さらには酸素のない状態に変わり、水域の生物層は嫌気性のバクテリアによる有機物の分解が行われて、メタン、硫化水素、アンモニアの発生する汚れた水域になる。このような有機物質による汚濁については「有機汚濁」

表3-3 主要な人の健康に係る水質汚濁環境基準

汚染物質	環境基準値	毒性等
カドミウム	0.01mg/l以下	イタイイタイ病の原因物質
全シアン	検出されないこと	血液の酸素輸送を阻害
鉛	0.01mg/l以下	慢性中毒では食欲不振、頭痛、貧血等
六価クロム	0.05mg/l以下	慢性中毒では皮膚炎、浮腫、潰瘍等
ヒ 素	0.01mg/l以下	慢性ヒ素中毒は公害健康被害補償の対象となっている。知覚傷害、皮膚の角化。多量摂取は死につながる。
総 水 銀	0.0005mg/l以下	無機水銀は経口摂取では無害とされる。水域で有機化する例がある。
アルキル水銀	検出されないこと	メチル水銀はアルキル水銀の1種で水俣病原因物質
P C B	検出されないこと	ニキビ状皮疹等。生態濃縮あり。
テトラクロロエチレン	0.01mg/l以下	他にジクロロメタン、四塩化炭素など9種類の有機塩素化合物について環境基準が定められている。
ベンゼン	0.01mg/l以下	発ガン性物質
硝酸性窒素・亜硝酸性窒素	10mg/l以下	乳幼児に対するメトヘモグロビン血症
ふっ素	0.8mg/l以下	歯のシミ、斑状歯
ほう素	1mg/l以下	食欲不振、悪心、嘔吐など
ダイオキシン類	1pg-TEQ/l以下	動物実験で発ガン性

注1：ダイオキシン類の環境基準はダイオキシン類対策特別措置法第7条に基づくものである。
　2：その他の環境基準は環境基本法第16条に基づくものである。

とも呼ばれる。そうした水質を表す指標としては水中の有機汚濁物質量を定められた方法で測定し水質汚濁の程度を表す指標として「生物化学的酸素要求量」（BOD）、同じく「化学的酸素要求量」（COD）、あるいは水中に溶存している酸素の量を表す溶存酸素（DO）などが用いられる。また、有機汚濁などによって起こる水質汚濁の現象として「富栄養化」があるが、これは閉鎖性の湖沼、海域で有機汚濁が進んだ状態で、典型的な現象としては、特定の1種、または数種のプランクトンが異常に増殖する「赤潮」、「アオコ」が知られている。このような富栄養化についてはプランクトンの増殖に関係する窒素、燐の量も水質の重要な指標である。こうした観点から生活環境保全に関する環境基準が設けら

表3-4 水質の生活環境保全に関する環境基準

	河川	湖沼	海域
BOD COD	AA～Eの6類型 1mg/ℓ以下～ 10mg/ℓ以下	AA～Cの4類型 COD 1mg/ℓ以下～ 8mg/ℓ以下	A～Cの3類型 COD 2mg/ℓ以下～ 8mg/ℓ以下
DO	AA～Eの6類型 7.5mg/ℓ以上～ 10mg/ℓ以下	AA～Cの4類型 7.5mg/ℓ以上～2mg/ℓ以下	A～Cの3類型 7.5mg/ℓ以上～ 2mg/ℓ以下
全窒素	－	Ⅰ～Ⅴの5類型 0.1mg/ℓ以下～1mg/ℓ以下	Ⅰ～Ⅳの4類型 0.2mg/ℓ以下～ 1mg/ℓ以下
全燐	－	Ⅰ～Ⅴの5類型 0.005mg/ℓ以下～ 0.1mg/ℓ以下	Ⅰ～Ⅳの4類型 0.02mg/ℓ以下～ 0.09mg/ℓ以下

れている。

　健康項目に係る環境基準値に対して、最近の測定結果では環境基準達成率は99.1％であった。環境基準に不適合であるのは、全測定値点数約5,600地点の中で、ヒ素、鉛、フッ素などについて49地点であった。こうした最近の状況に対して、約30年ほど前の1970年頃の測定結果では環境基準を超える地点が、8項目の汚染物質について、数百地点を超える状態であったが、1970年代に徐々に

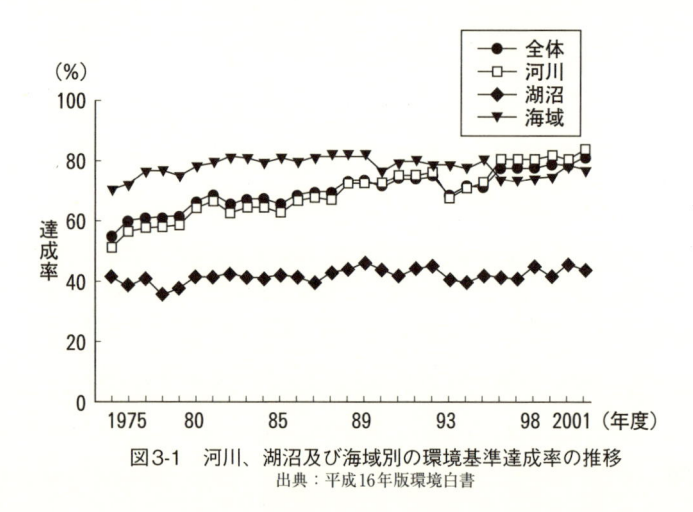

図3-1　河川、湖沼及び海域別の環境基準達成率の推移
出典：平成16年版環境白書

表3-5 健康項目の環境基準達成状況

汚染物質名	2005年度 調査地点数	2005年度 環境基準を超えた地点数	2005年度 環境基準を超えた地点の割合(%)	1971年度 調査地点数	1971年度 環境基準を超えた地点数	1971年度 環境基準を超えた地点の割合(%)
カドミウム	4,520	0	0	15,994	114	0.7
全シアン	4,107	0	0	12,453	142	1.2
鉛	4,626	9	0.2	14,515	202	1.4
六価クロム	4,264	0	0	11,532	15	0.1
ヒ素	4,576	23	0.5	11,530	48	0.4
総水銀	4,394	0	0	12,360	32	0.3
アルキル水銀	1,307	0	0	5,624	0	0
有機燐	(注1)	−	−	5,116	11	0.2
1,2-ジクロロエタン	3,638	2	0.1	(注2)	−	−
硝酸性窒素・亜硝酸性窒素	4,304	3	0.1	(注2)	−	−
ふっ素	2,926	14	0.5	(注2)	−	−
合計	5,600	49	0.9	89,074	504	0.6

注1：有機燐は日本でかつては使用されていた農薬で当時の環境基準は「検出されないこと」とされていた。使用されなくなったため、1993年3月に環境基準項目から削除された。
2：1,2-ジクロロエタンについて1993年3月に、硝酸性窒素・亜硝酸性窒素、ふっ素について1999年2月に、環境基準が設けられた。
出典：「昭和47年版環境白書」、「平成19年版環境循環型社会白書」

不適合地点数が減少し、現在に至っている。（各年版環境白書による）
　ダイオキシン類による水域の汚染については、2002年度の測定結果では1,976地点の測定結果の中で環境基準不適合は56地点（2.8％）であった。（「平成16年版環境白書」）
　生活環境項目に係る代表的な環境基準項目であるBOD（河川）、COD（湖沼、海域）について、全体での達成率は近年は80％程度で推移している。1970年代頃からの推移では全般に改善の方向で推移しているが、それは主に河川の水質の改善の傾向にほぼ一致している。1997～2005年度には海域の達成率が低下し

て、河川の達成率が海域の達成率よりも高い状態が続いた。湖沼の達成率は1970年代頃以降40％程度の低いレベルのままで推移してきたが、2003年度以降やや改善の傾向が見られる。

3-4　騒音と環境基準

　騒音が人の健康に与える影響については、難聴を引き起こさせるのは少なくとも90デシベル程度を超えるような高い騒音に繰り返し暴露されるようなレベルであるので、一般的な生活環境ではそのようなレベルが継続することは稀であるし、そういう状態が続けて起こるようであれば回避することも可能である。騒音が与える生活環境への影響はむしろ、睡眠への妨害、会話などのコミュニケーションへの支障、作業能率を低下させる、あるいは勉学の支障となるなどの

表3-6　騒音環境基準

騒音の種別	地域区分	時間帯区分	環境基準値（デシベル）
一般地域騒音	AA、A・B、Cの3区分（注1）	昼（6～20時）夜（20～6時）	昼：50～60夜：40～50
道路に面する地域の騒音	ア：A地域で2車線に面する地域 イ：B地域2車線以上、C地域で車線のある道路に面する地域	（同）	ア：昼50、夜55 イ：昼65、夜60
新幹線鉄道騒音	Ⅰ：住居用地域 Ⅱ：Ⅰ以外の地域	なし	Ⅰ：70 Ⅱ：75
航空機騒音	Ⅰ：住居用の地域 Ⅱ：Ⅰ以外の地域		Ⅰ：70WECPNL Ⅱ：75WECPNL

注1：AAは、療養施設、社会福祉施設等が集合して設置されるなど特に静穏を要する地域
　2：Aは、専ら住居の用に供せられる地域
　3：Bは、主として住居の用に供せられる地域
　4：Cは、相当数の住居と併せて商業、工業等の用に供せられる地域
　5：新幹線鉄道騒音は連続する20本の列車の列車ごとの最大騒音の上位半数のパワー平均
　6：WECPNLは航空機騒音について各離発着機の最大騒音、離発着回数、時間帯毎の離発着回数で定義される単位
　7：既設道路に面する地域の道路騒音については、平成21年までに達成することを目標としているが、幹線道路近接空間について特例（昼：70デシベル、夜：65デシベル）が設けられている。

影響、不快感などの影響や支障において注目されるものである。

騒音の環境基準はこうした観点から一般騒音、道路に面する地域の騒音、新幹線鉄道騒音、航空機騒音について定められている。一般に知られている騒音の生活環境への影響についてであるが、睡眠への影響は35～40デシベル（デシベルは騒音レベルの単位）程度のかすかな音でも生じることが知られており、その程度のレベルに一律に、すべての時間帯、地域に適用することは現実的ではないために、時間帯と土地利用上の地域区分を勘案した環境基準が定められている。

騒音の現状についてであるが、2005年度の一般地域の騒音環境基準達成状況は、全測定地点で77.8％である。道路に面する地域について、全国の291.4万戸を調査した評価では、昼間または夜間に環境基準を超過したのは45.6万戸（16％）、幹線道路に面する地域について124万戸のうち昼間または夜間に環境基準を超過した住居等は31.7万戸（26％）であった。新幹線鉄道騒音については、東海道、山陽、東北、上越の各新幹線沿線地域において75デシベルを達成できていない地域が残されている。航空機騒音の環境基準達成率は約73％程度である。（「平成19年版環境循環型社会白書」）

在来線鉄道騒音については環境基準は設けられていない。しかし、在来線鉄道騒音をめぐって1988年に瀬戸大橋の開通時にその騒音が環境影響評価において約束された値を上回るとして住民と関係者間で紛争が生じ、鉄道会社側による音源対策により約束された数値が守られるようになるまでに約2年を要した事件、1998年4月に小田急線の鉄道騒音についての紛争について鉄道会社が騒音対策を講じるとして調停が成立した事件などのような事例がある。また、このような事件には至っていないが、在来線鉄道の沿線の鉄道騒音の影響を受ける範

表3-7　在来鉄道の新設または大規模改良に際しての騒音対策の指針値

新　　　線	等価騒音レベル（L$_{Aeq}$）として、昼間（7～22時）については60dB（A）以下、夜間（22時～翌日7時）については55dB（A）以下。なお、住居専用地域等住居環境を保護すべき地域にあっては、一層の低減に努めること。
大規模改良線	騒音レベルの状況を改良前より改善すること。

注1：「等価騒音レベル（L$_{Aeq}$）」は全騒音についてのエネルギーレベルの総和を測定時間で平均した値
　2：「在来鉄道の新設又は大規模改良に際しての騒音対策の指針について」、環境庁、平成7年12月20日通知

囲や人口は極めて多い。このため、少なくとも在来鉄道の新設、あるいは大規模改造にあたっては騒音対策に配慮するとの考え方から環境庁（当時）による指針値が定められている。

3-5　日本の環境汚染の問題と課題

　日本の環境汚染についてであるが、大気汚染については光化学オキシダント汚染がもっとも環境基準適合率が悪く、光化学オキシダント汚染により被害が生じるおそれがあるとして定められている注意報基準である0.12ppmを越えるような汚染が関東地域以南の東海、近畿、瀬戸内地域などで起こることがある。夏期に光化学大気汚染によると考えられる被害を訴える人の数が数百人に達する。地球温暖化が進むと予測されているが、夏期の気温上昇は光化学オキシダント汚染を悪化させることが心配される。浮遊粒子状物質の汚染については改善傾向にあると考えられるが、ディーゼル微粒子に関係すると考えられる主要道路沿道の浮遊粒子状物質汚染について改善を要する課題である。

　水質汚濁については、閉鎖性水域の富栄養化について対策を進める必要がある。湖沼の水質環境基準適合率は1970年代頃以降あまり変化がなく、環境基準適合率40％程度の状態を改善できない状態が続いているが、琵琶湖や都市近郊で注目される霞ヶ浦など10の湖沼はCOD、全窒素、全燐の環境基準項目について不適合項目がある。湖沼の一部においては水道原水として利用する場合に着臭が起こること、漁業に影響が出ること、水の透明度が落ちることなどの問題が起こる例がある。ところが汚濁物質は湖沼ごとに生活、産業、自然などの種々の発生源から流入するので、それぞれの湖沼について効果的で実施可能な対策を見つけだしながら行わなければならない困難さがあるのだが、湖沼の持つ多様な用途を勘案して、水質の改善と維持を図る必要がある。

　騒音については、道路交通に起因する騒音の環境基準適合率が低く、全国的な課題である。自動車交通騒音について環境白書は「沿道においては、自動車本体から発生する騒音に、交通量、通行車種、速度、道路構造、沿道土地利用等の各種の要因が複雑に絡み合った騒音」（「平成15年版環境白書」）のように記

述して、発生源対策、交通流対策、道路交通対策、沿道対策を組み合わせた道路交通騒音対策を総合的に推進しているとしている（同）。騒音規制法に基づく自動車騒音の許容限度は近接排気騒音（自動車の種類ごとに定められた一定の走行状態から加速ペダルを急速に放した場合の排気口から50cmの位置で測定した騒音）について、84デシベル（50リットル以下の原動機付き自転車）～99デシベル（大型トラック・バス）などとされている。このような許容限度の自動車が一日に数万台走行すれば沿道において環境基準を超えることは起こり得ることである。自動車騒音を短期間に大幅に規制強化することは望めないために問題解決の困難さがあるが沿道の騒音の状況から対応が急がれねばならない問題である。

　化学物質については、「奪われし未来（OUR STOLEN FUTURE）」が化学物質による人への健康影響や生態系への影響の可能性を言及して注目を集めた。日本で5万種ほどの化学物質が流通し、利用されているものの中には、発ガン性や生態系へのリスクの可能性から「詳細な評価を行う候補」と判定された物質（「平成15年版環境白書」）などの例のように、これまであまり人や生態系への影響が注目されないままに使用されてきた化学物質が注目されるようになってきている。こうした化学物質については、少なくともこれまでに一般環境において水俣病、イタイイタイ病、四日市喘息に代表されるような公害病を引き起こしてはいないし、リスクのレベルは低いものと考えられるが科学的に明確にする必要のあるものである。その際、リスクを明らかにすることとともに、これから解明され、あるいはこれまでに解明されたリスクについて、科学的な知見を有する専門家、化学物質の取扱い規制などに関係する行政、化学物質を生産・使用する産業界、および一般市民の間で十分な情報の共有が必要である。

第4章
◆◆◆
廃棄物の処理

4-1 日本の物質フローと廃棄物の発生

　日本の社会経済活動に投入される資源量は約19.4億トンである。国内から約8.9億トンの資源、海外から約7.4億トンの資源と0.69億トンの製品、及び循環・再投入される約2.47億トンである。これらの資源を使用し、あるいは種々の製品の製造に利用し、最終的に不要となる廃棄物等約6億トンが排出される。その内訳は一般廃棄物であるごみ約0.54億トン、し尿約0.27億トン、産業廃棄物約4.17億トン、その他の副産物・不要物約1.09億トンである。(2004年度。「平成19年版環境循環型社会白書」)

　廃棄物は「廃棄物の処理及び清掃に関する法律」(1970年制定。以下この章において「廃棄物処理法」)において定義されており、「ごみ、粗大ごみ、燃え殻、汚泥、ふん尿、廃油、廃酸、廃アルカリ、動物の死体その他の汚物又は不要物であって固形状又は液状のものをいう」とされている。なお、この法律における廃棄物について、放射性物質などは対象外とされている。廃棄物処理法はその廃棄物について、一般廃棄物と産業廃棄物に、一般廃棄物はさらにごみ、し尿・生活排水に区分している。廃棄物処理法はいわゆる有害廃棄物を定義していないが、特別管理一般廃棄物、特別管理産業廃棄物がほぼそれに該当する。この特別管理廃棄物に指定されているのは、医療機関などから排出される使用

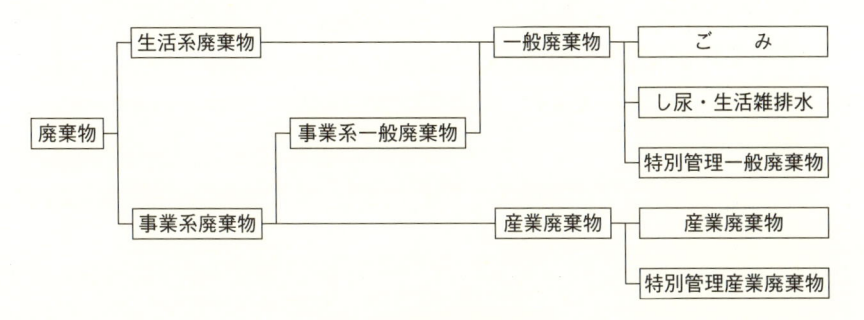

```
            ┌─生活系廃棄物─┐              ┌─一般廃棄物─┬─ごみ
            │              │              │            ├─し尿・生活雑排水
廃棄物─┤              ├─事業系一般廃棄物┤            └─特別管理一般廃棄物
            │              │              │
            └─事業系廃棄物─┘              └─産業廃棄物─┬─産業廃棄物
                                                        └─特別管理産業廃棄物
```

図4-1　廃棄物の種類区分

済み注射針等の感染性廃棄物、廃油、廃酸・廃アルカリ、廃PCB・PCB汚染物（PCBはポリ塩化ビフェニルの略称。熱媒、絶縁などの目的で製造・使用されていた難分解性の有害化学物質）などである。

　ごみの排出量は1965年には約1,600万トン／年、1970年には2,800万トン／年であったが、1975年頃には4,000万トン／年を超え、1990年頃に5,000万トン／年を超えた。その後5,000万トン／年程度で推移してきている。この中には図4-1のように生活系一般廃棄物と事業系一般廃棄物（事務所などから廃棄される産業廃棄物に指定されていない廃棄物）が含まれ、両者の排出割合は約2対1、国民一人・一日当たりで近年では約1,100gで推移している（「平成19年版環境統計集」）。一般廃棄物のし尿等については、公共下水道によらない約37％の家庭等からし尿、及び浄化槽汚泥として排出されるがその量は年に約2,700万キロリットルである。

　産業廃棄物は1970年頃には約2億4,000万トン／年ほどの排出量であったが、1985年頃に3億1,000万トン／年、1990年頃には約4億トン／年に達し、その後は4億トン／年前後で推移している。廃棄物処理法は汚泥、動物のふん尿、がれき類などを産業廃棄物として定義している。汚泥が全体の約半分に近い45％を占め、動物のふん尿約21％、がれき類約15％などが排出量の多いものである。(2004年度。「平成19年版環境統計集」)

表4-1　廃棄物の排出量

	1965	1970	1975	1980	1985	1990	1995	2000
ごみ排出量	16,251	28,104	42,165	43,935	43,449	50,443	50,694	52,362
産業廃棄物排出量	–	–	236,442	292,311	312,271	394,736	393,812	406,037

出典:「平成19年版環境統計集」
単位:1000トン/年

4-2　廃棄物処理の仕組

　明治時代の東京では江戸時代にはなかった官営工場などが操業するようになり、それとともに工場周辺に労働者の居住地域が形成されて過密な住民地域を形成するようになった。こうした地域では十分な公衆衛生上の配慮がなされないままに、不衛生な環境条件のもとで1886年、1890年、1895年に繰り返しコレラが流行したが、し尿等の汚物による不衛生な状態が感染を拡大した一因と考えられている。(「公害と東京都」)

　こうした状況を背景として1900年には「汚物掃除法」が制定され、ごみ処理を市町村責任とし、1910年には東京の中心部で公的なごみの収集がなされるようになった。第二次世界大戦の後にし尿が農村で肥料として使われなくなり、その処分が社会的な課題となり1954年に新たに「清掃法」を制定して公衆衛生上の配慮のもとにごみ、し尿などの汚物を市町村責任において処理する仕組を定めた。しかし、1960年代の高度経済成長期には、一般廃棄物であるごみの排出量の増加やごみ質の変化に加えて、産業活動から排出される廃棄物の処理が新たな社会的に対処しなければならない課題となった。(「平成15年版循環型社会白書」)

　このために、「清掃法」を全面的に改正して1970年に廃棄物処理法が制定された。この新しい法律では、「産業廃棄物」と「一般廃棄物」を区分し、それぞれの基本的な処理責任を前者については排出事業者、後者については市町村とした。また、廃棄物の処理、処分を行うにあたっての技術上の基準を定めて遵守を求めるという考え方をとり、また、不法投棄に対する罰則規定を設けた。約

30年の間、廃棄物処理法により廃棄物行政が行われてきたが、1970年にこの法律が制定された後、廃棄物処理をめぐる社会的な変化、問題等が次々に生じ、重要な法律の改正や関係する政令・省令等の改正がなされて今日に至っている。最初の重要な改正は1976年に最終処分地について規制強化がなされたこと、及び1977年の政令の改正で産業廃棄物の最終処分地について「安定型」、「管理型」及び「遮断型」の3種の性能の処分地、処分できる廃棄物、及び処分場の基準を明確にし、一般廃棄物の最終処分場は「管理型」とほぼ同じ性能に定めたことである。

　1991年の法改正では、それまでの廃棄物処理法が単に「廃棄物を適正に処理し、及び生活環境を清潔にすることにより、生活環境の保全及び公衆衛生の向上を図る……」(同法第1条。制定当時) ことを目的としていたことを改めて、「廃棄物の排出を抑制し、廃棄物の適正な分別、保管、収集、運搬、再生、処分等の処理をし……」とされ、これにより法律上において排出の抑制、再生利用などの考え方が追加された。同年の改正では「特別管理廃棄物」の考え方が導入された。これによって爆発性、毒性、感染性などが心配されるとして指定された廃棄物はそれぞれに特別の処理基準が設けられ、通常の処理や処分場への廃棄ができなくなり、より安全な対応がとられることとなった。また、該当する廃棄物は管理票制度 (事業者から処理業者への移動、その他の移動・処理ごとに管理票を付すことにより廃棄物の流れを管理する制度。この管理票は「マニフェスト」と呼ばれることがある) により管理することとなった。さらに廃棄物処理施設について、それ以前の段階では「届出制」であった制度を改めて、市町村が設ける処分場を除いて、最終処分場を含む処理施設に許可制を導入したのもこの年の法改正により実現した。

　1997年の法改正では、すべての産業廃棄物に管理票制度を適用し、産業廃棄物の処理施設を設ける場合に環境アセスメントの実施を義務付け、産業廃棄物に関する法律違反の罰金最高額が個人に対して1,000万円、法人に対して1億円と大幅に強化された。1997年の政令改正では、それ以前は一定規模未満の安定型、管理型の処分場は規制対象外とされていたが、すべての処分場について処分規制対象とされた。

2000年改正では国が廃棄物処理やリサイクルについての基本方針を策定することは、都道府県が廃棄物処理計画を策定することなどを規定し、多量の排出事業者に減量・処理の計画策定を義務付けるよう規定した。また、排出事業者に最終処分までの確認と責任が課せられ、野外焼却を禁止することも規定された。なお、1991年の廃棄物処理法の改正と同時に、資源のリサイクル促進を具体化する制度として「再生資源の利用の促進に関する法律」が制定されている（この法律は2000年に「資源の有効な利用の促進に関する法律」と改称されている）。また、その後、1990年代にはペットボトルなどの容器の回収、再利用等に関係する「容器包装に係る分別収集及び再商品化等に関する法律」、その他のリサイクル関連の個別の法制度も整備が進み、2000年にはそうした個別法の考え方を包括して「循環型社会形成推進基本法」が制定された。

　廃棄物の処理をめぐるダイオキシン類（動物実験で発がん性があることが分かっている化学物質）の発生が最初に指摘されたのは1983年頃のことであった。その後の調査の結果、ダイオキシンが日本の一般廃棄物および一部の産業廃棄物焼却施設等の炉内で塩素を含む廃棄物とその他の有機物との反応によって非意図的に生成、排出されていることが判明し、動物実験ではダイオキシンは発ガン性を持つとされているところから、対応措置がとられた。1999年には「ダイオキシン類対策特別措置法」が制定されて環境基準、排出基準が定められ、また、廃棄物処理法、大気汚染防止法等による規制措置がとられてきた。新たに設けられたダイオキシン規制に適合しない一般廃棄物処理施設が廃止されるなどにより、日本のダイオキシン類の排出量は1997年度には約7,500pq-TEQ／年であったが、2001年度までに約4分の1に削減された。（「平成15年版環境白書」。pgは10^{-12}g。TEQは最も毒性が強い2,3,7,8-ダイオキシンの毒性に換算したダイオキシン類の総量）

　こうした経過にみられるように、1970年に廃棄物処理法が制定されて以降30数年間に、廃棄物処理をめぐる種々の問題、課題に対処して、当初の廃棄物処理法や関連する政令、省令等では不十分な部分を補いながら今日に至っている。それは環境に関する他の分野と同様で廃棄物処理だけに限ったことではない。しかし、1977年改正から1991年改正までの間に特記されるような措置があまり見

られず、1991年改正以降に重要な改正がなされて制度の充実が図られた。1970年代の後半頃から1990年代にかけて例えば香川県の豊島で産業廃棄物の不法投棄事件が発生するなどの例のように各地で産業廃棄物をめぐる事件が発生しており、それらは廃棄物をめぐる社会的な在り方の問題点を示唆するものであったが、法改正などの社会的な対処は遅れがあった。

現在、廃棄物処理施設を設置しようとする場合には、諸規制に適合するような性能を持つように設計し、環境アセスメントを実施するなどの許可を得る手続きを行うこと、設置・稼働後は施設の維持管理に関する基準、焼却施設において排出ガスを大気中に排出する場合の規制、排水を公共用水域に排出する場合の規制などを遵守しつつ稼動するべきことが規定されている。

最終処分場については性能により、「安定型」、「管理型」（一般廃棄物の最終処分場は「管理型」とほぼ同じ性能）及び「遮断型」と呼ばれる3種の処分場ごとに処分することのできる廃棄物と処分場の構造や管理に関する基準が定められている。「安定型」処分場は、物理的な安全性等を確保できるなどの性能を持ち、廃棄できる廃棄物は、廃プラスチック類、ゴムくず、金属くず、ガラスくず、陶磁器くず、アスファルトコンクリート、無機性の固形状のものなどで、埋立処分により腐敗性、有害性などの問題のないものである。「管理型」処分場は、物理的な安全性等に加えて、雨水・地下水等の侵入の防止と処分場からの浸出防止のために遮水し、集水設備により集水し、排水基準に適合するように排水処理設備を設ける必要があり、廃棄できる廃棄物は、紙くず・木くず・繊維くず・動植物性残さ・動物のふん尿・動物の死体などの腐敗性の廃棄物、基準以下の重金属等を含む燃えがら・ばいじん・汚泥・鉱さい、廃油（タールピッチ類）、自動車破砕物、感染性廃棄物焼却等の処理後の基準に適合するものなどである。「遮断型」処分場は、外部と完全に遮断する構造・性能で、廃棄できるのは特別管理廃棄物の処理後に判定基準に適合しない燃えがら・ばいじん、重金属等を含む廃棄物で判定基準に適合しない汚泥・鉱さいなどである。

表4-2 廃棄物処理施設の概要

	中間処理施設	最終処分場			備考
		処分場数	残余容量	残余年数	
一般廃棄物	ごみ焼却施設 1,374施設	2,009	1億3,100万m^3	13.2年	資源化施設：1,898
産業廃棄物	中間処理施設 19,916施設	安定型 1,554 管理型 958 遮断型 35	6,910万m^3 1億1,504万m^3 3.12万m^3	6.1年	全残存容量 1億8,418万m^3

出典：「平成19年版環境統計集」
注　：2004年度

4-3 廃棄物の処理・処分の概要

　近年のごみの排出量は5,000万トン／年を少し超える程度で推移している。2004年度の排出量は5,059万トンで、このうちの90％近くが焼却処理施設、粗大ごみの破砕施設、再生利用等を行う資源化施設、肥料・飼料を作る施設などの中間処理施設で中間処理されている。一般廃棄物として収集されたもので直接最終処分されるもの、中間処理の後に最終処分されるものを合わせて約800万トン／年程度である。

　一般廃棄物等で資源化される量は、住民団体によって集団回収される量と、市町村の分別収集、中間処理後の再生利用を合わせて約18％（2004年度）であまり高い数値とはいえない。しかし、1990年頃には約5％程度であったことに比べると確実に再資源化利用の割合を増加させている。

　産業廃棄物の排出量は近年は年間約4億トン程度で推移している。2004年度の排出量は4億1,716万トンで、そのうち約9,000万トンが直接に再生利用され、また約1億2,000万トンが中間処理されている。少しずつではあるが資源化率を高めている。最終処分場へ処分されたのは2,583万トンであったが、1991年度の最終処分量が9,100万トン／年（「平成8年版環境白書・総説」）であったので近年はその3分の1の量に減少している。また、焼却・脱水等などの中間処理に

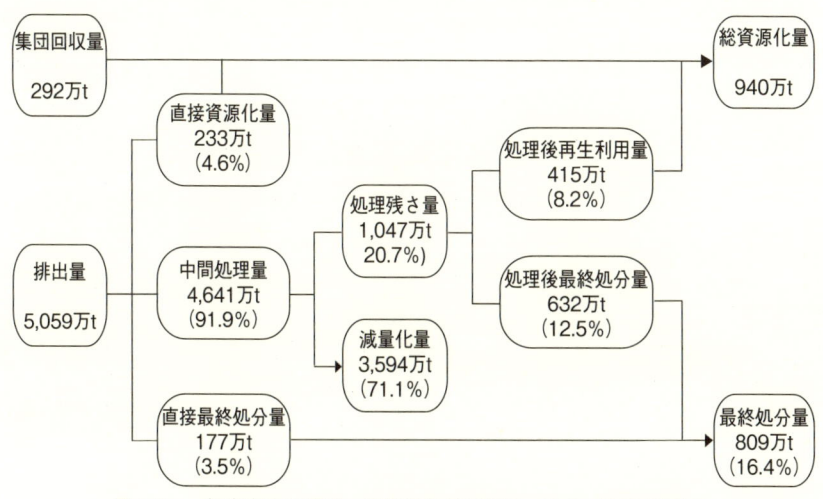

図4-2　一般廃棄物の排出、再資源化及び処理・処分（2004年度）
出典：「平成19年版環境循環型社会白書」

よって減量化される量が約1億7,700万トンであったが、1991年度に中間処理により減量化された量は1億4,900万トン／年（同）であったので、中間処理量も少し増えている。

4-4　廃棄物処理の課題等

廃棄物処理処分をめぐっていくつかの課題等を指摘することができる。

第一に、廃棄物の減量化についてである。1990年代に日本の廃棄物処理施策について大きな転換がなされ、廃棄物の減量化とリサイクルが主要施策となった。その後に、社会的なリサイクルシステムの構築が進んだが、ごみの排出量は1990年度に5,000万トン／年を超えた後、5,000万〜5,200万トン／年で推移しており、また、産業廃棄物排出量についても、1990年度以降、3億9,000万トン〜4億1,700万トン／年で推移している。産業廃棄物については1990年度以降、再生利用量とその割合は着実に増え、1990年度に1.5億トン／年（38％）であったものが、2004年度には2.1億トン／年（51％）となったことについて、評価することができるが、減量化は進んでいない。ごみについては、1970年頃に一人一

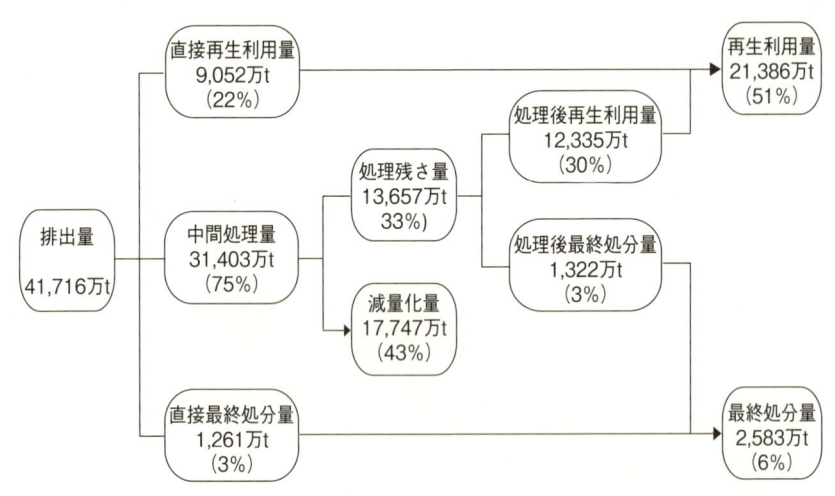

図4-3　産業廃棄物の排出、再資源化及び処理・処分（2004年度）
出典：「平成19年版環境循環型社会白書」

日あたりの排出量が1kgを超えた後、ほとんど排出量に変化がない状態が続いている。

　第二に、廃棄物の不法投棄についてである。環境犯罪について、圧倒的に多いのは廃棄物に関係する件数である。2001年度から2004年度に環境犯罪の総検挙数は3,024件から6,715件に増え、その増加について「廃棄物の処理及び清掃に関する法律」（以下「廃棄物処理法」）に対する違反による増加が占めていて、2,965件から5,918件に増えている。また、産業廃棄物の不法投棄について、最近10年間に、投棄量について17万トン／年から74.5万トン／年、件数で588件／年から1,197件／年にのぼる。これまでに不法投棄された産業廃棄物でまだ支障の除去がなされない状態のものは、2005年度末に全国で1,567万トン、残存件数で2,670件にのぼる。廃棄物処理法違反について、違反件数のうち約75%は一般廃棄物に関するもので、産業廃棄物に係る違反件数よりも多いのであるが、このことは住民のマナーに関係している。

　第三に、ダイオキシン類による環境汚染についてである。1980年代にゴミ焼却施設において発がん性を持つとして猛毒とされるダイオキシンが検出され、注目を集まるようになった。その後の調査、研究などを通じて、性能の悪いゴミ

焼却炉において、ゴミとして排出されるポリ塩化ビニル樹脂などの廃棄物に含まれる塩素が、焼却炉内で反応して生成すること、また工業用の製鋼用電気炉等からも排出されることが判明した。大気、水、土壌等を通じた国民に対する曝露レベルの評価が行われ、健康に影響を及ぼしている可能性は小さいが長期的な安全性の確保の観点から環境中のダイオキシン類の濃度の低減を図るべきとされた。こうした経緯を経て、それまでは設けられていなかったダイオキシン類の環境基準、廃棄物焼却炉等の発生源に対する規制基準が設けられ、廃棄物焼却炉については一部は使用廃止され、新たにダイオキシン類の排出について問題のない施設への建替えが行われた。廃棄物焼却炉から排出されるダイオキシン類の排出量は2005年度には1997年度に比べて97％が削減された。

　第四に有害廃棄物の国境を超える移出・移入についてである。1999年8月、10月に日本の業者が内容物は「古紙」としてフィリピンに輸出したコンテナ122個の引き取り手が現われず、フィリピン政府が調べた結果、注射針、薬品容器などの有害な廃棄物を含んでいたという事件があった。国際条約に違反するものであることが確認され、2000年1月10日には日本へ送り返された。「古紙」が再生利用される資源として輸出できることから、偽って輸出手続きをし、また、検査を潜り抜けて有害な廃棄物が持ち出されたものであった。このような有害な廃棄物の国境を越える移動等については、1976年にイタリア、セベソという町の化学工場で爆発事故が発生し、ダイオキシン類が撒き散らされ、ウサギ、ネコ、ネズミ、牛などが相当数死に、子供達にもクロロアクネ（ニキビ状の浮腫）の症状が現われるという事件があった。この事件によって汚染された土壌などが入った41本のドラム缶が、1982年にフランスの廃棄物処理業者に引き渡されて行方不明となり、後に北フランスの村で発見され、フランス政府、イタリア政府の間で引き取りについての話し合いが決着せず、最終的に事故を起こしたイタリアの会社の親会社がスイスにあったことから、スイス政府によって引き取られるという事件があった。この他にも先進国から途上国へ有害廃棄物が持ち出されるような事例が1980年代頃から多発し、国際的に関心が集まり、1989年3月にスイス、バーゼルで「有害廃棄物の越境移動及びその処分に関するバーゼル条約」（通称「バーゼル条約」）が採択された。日本は1992年にバーゼル条約

の国内対応法として「特定有害廃棄物等の輸出入等の規制に関する法律」を制定している。この条約について、日本は1993年に加入、同年12月から日本について発効している。日本の業者による有害な廃棄物のフィリピンへの持ち込みはこうした条約、国内法に違反するものであったのであるが、資源の回収などを目的とする不要物の輸出入は今後も増える可能性があり、注意を要する点である。

第5章
◆◆◆
資源リサイクル

5-1 廃棄物とリサイクル

　不要となった物の再使用、再生利用については、日本では1990年代に政策上の大きな変化があった。1991年に「廃棄物の処理及び清掃に関する法律」(以下「廃棄物処理法」)が改正されて、廃棄物に関する考え方について、単に適正に処分するだけでなく、廃棄物の排出量を減らすとともに、可能な限り再使用・再生利用するとの考え方に転換され、また、同時に「再生資源の利用の促進に関する法律」(2000年に改正・改称されて現在は「資源の有効な利用の促進に関する法律」)が制定されて、事業者に再生資源利用の促進、製品・副産物の再生利用の促進などを義務付けて取組を促すこととなった。この法律は、パルプ・紙製造、化学工業、製鉄・銅製錬、自動車製造、家電製造、建設、その他の広汎な製造分野を対象とし、また、自動車、家電製品その他の家庭用機器、アルミ缶・スチール缶その他の容器、パソコン・小型の二次電池等の市中に出回る多くの製品を対象として、産業界に再使用、再生利用等への取組を求めるものであった。

　国民のリサイクルへの関心については、1990年の世論調査では「(地球環境保全に貢献することのできることとして)不用品をできるだけリサイクルにまわすようにしている」と答えた人の割合は26.9%、1995年には45.0%であったが、

表5-1 主要品目のリサイクル率の現状（%）

品目	1991	2000	2005	備考
ガラスびん	51.8	77.8	91.3	カレットの使用率。2005年度の生産量は150.1万t、カレット使用量は137.0万t
ペットボトル	0.2（1992年度）	34.5	47.3	2005年度の生産量は532,583t、回収量は251,963t
スチール缶	50.1	84.2	88.7	2005年度の消費重量は868千t、再資源化重量は570千t
アルミ缶	43.1	80.6	91.7	2005年度の消費重量は302千t、再資源化重量は276千t
古　紙	52.3 (51.0)	57.3 (58.4)	60.4 (71.5)	古紙利用率、カッコ内は古紙回収率
プラスチック	28	50	62	2005年度の国内生産量は1,051万t、排出量は1,006万t。再生利用量185万t、熱回収443万t

出典：「平成15年版循環型社会白書」、「平成19年版環境循環型社会白書」により作成

　1997年には「（地球温暖化防止について）缶、びん、スチロールトレーなどは分別し、リサイクルする」と答えた人の割合は69.8％であった（それぞれ内閣府世論調査結果による）。2001年度の世論調査結果では「（いつも・多少）ごみを少なくする配慮やリサイクルを心掛けている」人は71％、「（いつも・できるだけ・たまに）環境にやさしい製品の購入を心掛けている」人は83％となっている。また、組織的に環境に配慮された製品等の購入（グリーン購入）を実施する自治体は約24％、企業は上場企業で約15％、非上場企業で約12％となっている（「平成15年版循環型社会白書」）。

　こうした気運を反映して、1990年代に種々の製品等においてリサイクル率が高まった。ペットボトルは1990年代当初はほとんど回収されていなかったが、現在は50％近くが回収されるようになった。プラスチック類は1990年代前半頃は20％程度の有効利用率であったが、1990年代の後半には40％を超え、近年は60％を超えるまでに高まっている。しかし、ガラスびん、スチール缶、アルミ缶の回収利用率が80％を超えていることに比べるとペットボトルの回収率はまだ低いレベルに止まっているし、古紙の回収率、プラスチック類の有効利用率も50％台に止まっている。廃棄物全体で見ると、産業廃棄物については50％程度の資源化率であり、一般廃棄物については10数％のレベルである。日本社会に投入

表5-2　ごみ、産業廃棄物の再生利用量

	ごみ			産業廃棄物		
	排出量 (万トン／年)	資源化量 (万トン／年)	資源化率 (%)	排出量 (万トン／年)	資源化量 (万トン／年)	資源化率 (%)
1998年度	5,411	649	12.0	40,800	17,200	42
2000年度	5,513	786	14.3	40,600	18,400	45
2004年度	5,351	940	17.6	41,163	20,133	49

出典：各年版「循環型社会白書」、「平成19年版環境循環型社会白書」により作成。
注　：一般廃棄物排出量等（1998年度）＝収集ごみ＋自家処理量＋集団回収量。

される天然資源の循環利用率（循環利用率＝循環利用量／〔天然資源等投入量＋循環利用量〕。「循環型社会形成推進基本計画（2003）」による）は1990年代には10％未満であったが、2000年度に約10％に達し、2004年度は12.7％であった。

5-2　再生利用等に関する法制度の拡充と循環型社会形成推進基本法の制定

　1991年に廃棄物処理法を改正して、廃棄物の発生抑制、再生利用を行うとする新しい考え方が始めて法律の上で明確にされた。同時に事業者に再生資源利用の促進、製品や副産物の再生利用の促進を義務付ける「再生資源の利用の促進に関する法律」が制定された。こうした国内の動きの背景には、地球規模で環境を考えようとする大きな流れがあった。1987年に「環境と開発に関する世界委員会」が提唱し、また、1992年に「開発と環境に関するリオデジャネイロ宣言」が人類社会と地球環境との関係に関する基本的な在り方として提唱した「持続可能な開発」（「持続可能な発展」と訳されることもある）という考え方が日本社会にも大きな影響を与えた。1993年に、環境汚染対策、自然保護対策、廃棄物処理・リサイクル、地球環境保全などを包括した環境政策の枠組を定めた環境基本法が制定され、同法は環境政策の基本理念において持続的に発展する社会を構築するとの考え方などを明記したが、廃棄物の発生抑制や再生資源利用の考え方はそうした理念に沿うものであった。
　1995年には「容器包装に係る分別収集及び再商品化に関する法律」（以下「容

器包装法」）が制定されてガラスびん、ペットボトル（「ペット」はプラスチックの1種のポリエチレンテレフタレートの略称）などの容器について、市町村が分別回収したものを事業者が引き取って再生利用する仕組を導入した。この他、テレビなどの電気機器の再商品化、食品廃棄物・建設廃棄物・廃自動車の再資源化などの回収・再生利用について、個別法が制定され、不要となる製品等を有効利用する社会的な仕組が整えられた。

2002年には「循環型社会形成推進基本法」が制定された。これは環境基本法における環境政策の一部を担って、社会的に緊要な課題である資源、エネルギーの利用をできる限り抑制し、また有効に利用し、環境への負荷の少ない社会形成を推進するという枠組を定める基本法として制定された。この法律は「循環型社会」を、「天然資源の消費を抑制し、環境への負荷ができる限り低減される社会」であって、そのために廃棄物の発生が抑制され、循環利用が促進され、循環利用が行われないものについて適正な処分が行われるような社会と定義している（法第2条第1項）。また、有価、無価のものを含めて「廃棄物等」とし、そのうち有用なものである「循環資源」の利用を促進すること、資源循環と処分の優先順位を①発生抑制、②再使用、③再生利用、④熱回収、⑤適正処分とすること、とした。

こうした社会の実現を目指して、施策についての基本方針、施策を推進するために国、地方公共団体、事業者、国民がそれぞれに果たすべき役割や循環型社会形成のための基本方針、総合的、計画的に講ずべき施策等を盛り込んだ「循環型社会形成推進基本計画」を政府が策定し、5年ごとに改定することなどを規定した（同法第15条）。

事業者に対しては、

① 廃棄物の発生抑制、原材料等のリサイクル利用、廃棄する場合の適正処理、
② 製品や容器の長寿命化、廃棄物発生抑制措置を講じ、設計の工夫、材質等の表示等を通じて、循環利用が促進されるよう、処分が困難とならないようにすること、
③ 製品、容器等についてシステムが整えられた場合には、製品、容器等の

表5-3 1990年代以降の主なリサイクル関連法の制定・改正等

制定年	法律名
1991年	廃棄物処理法の改正
	再生資源の利用の促進に関する法律（2002年に改正）
1993年	環境基本法
1995年	容器包装に係る分別収集及び再商品化に関する法律
1998年	特定家庭用機器再商品化法
2000年	食品循環資源の再生利用等の促進に関する法律
	建設工事に係る資材等の再資源化等に関する法律
2002年	使用済自動車の再資源化に関する法律
	資源の有効な利用の促進に関する法律
	（再生資源の利用の促進に関する法律を改正・改称）
	循環型社会形成推進基本法

引き取り、循環的利用を行うこと、
④ あらゆる事業活動において資源の循環的な利用を行うこと、再生品の利用に努めること、
等を規定した（同法第11条）。この②、③はそれまでの産業廃棄物の発生抑制と適正処理の枠を越えて、製品や容器における事業者の責任を明記したもので「拡大生産者責任」と呼ばれている。

廃棄物の処理とリサイクルについて、この循環型社会形成推進法において考え方の整理と統合化がなされた。この法律制定以前に既に制定、施行されているいくつかの関連法や、最近のリサイクル率の向上の動向は、循環型社会に向けた取組が進み始めたことを示すものだが、あるべき循環型社会の実現に向けて今後10年、あるいはそれ以上の長い年月の取組みの初期の段階とみることができると考えられる。

5-3 個別法の制度の概要

1991年に「再生資源の利用の促進に関する法律」が制定されたが、同法は2000年に循環型社会形成推進法の制定と同時に改正され、「資源の有効な利用の

促進に関する法律」(以下「資源有効利用促進法」)に改正・改称された。改正前の同法は「再生資源を利用するよう努めるとともに……製品……副産物の全部もしくは一部を再生資源として利用することを促進するよう努める」としていたが、改正後は「原材料等の使用の合理化を行うとともに、再生資源及び再生部品を利用するよう努める……」、「製品が長期間使用されることを促進するよう努める」ことが追加して規定された。この法律では、製造業種等ごとに、製品を生産する等の段階で副産物の発生抑制・リサイクルを求めること、再生資源・再生部品の利用を求めること、設計・製造において使用済製品の発生抑制や再利用等に配慮を求めること、分別回収のための表示を求めること、等を義務付けるなどを骨子としている。製造業者等の側の積極的な廃棄物の発生抑制や資源リサイクルを求めるもので、製品の製造、社会へ持込む製品のあり方、さらには製品等の回収を規定する点を特徴とする。また、この法律の仕組みに関係する製造業等は極めて幅広い業種・製品を含む点において意味があるものである。(第11章pp.135-136参照)

　容器包装法は1995年に、生活系ごみに占める容器包装の割合が高く、その中には再生利用可能な資源が含まれていることからリサイクルを進めることが必要であるとして制定された。最近においてもゴミに占める容器包装は容量比で61%、重量比で22%(2005年度、「平成19年版環境循環型社会白書」)のように割合が高い。ガラスびん、ペットボトル、プラスチック容器包装、紙容器包装などの容器を対象とし、消費者が分別排出し、市町村が分別回収したものについて、容器包装の製造事業者、容器包装の利用事業者が引き取って再生利用する仕組みをとっている。なお、有償または無償で引き取られることが明らかなスティール製、アルミニウム製の缶、段ボールについては引き取り・再商品化義務が課せられていない。この法律の仕組みは消費者と市町村の分別回収を前提としており、事業者に直接回収責任を持たせていないことに特徴がある。この点

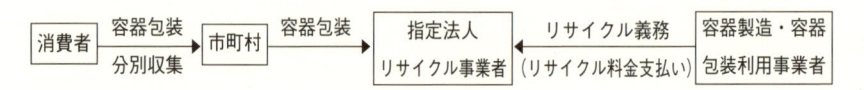

図5-1　容器包装法の仕組み

で対比されるのは、容器包装を基本的に企業に対して回収、再利用することを義務付けたドイツのシステムである（「主要国最新廃棄物法制」）。

　特定家庭用機器再商品化法は1998年に制定された。この法制度では、エアコン、テレビ、冷蔵庫、電気洗濯機を「特定家庭用機器」として指定し、不要となったこれらの機器については、関係事業者が引き取って再商品化をする仕組みをとっている。使用者は不要となり引き取ってもらう時点で料金を支払うこととされ、購入時に予め前もって支払う制度はとっていない。また、製造事業者側は再商品化を行う施設として全国に41か所（法施行当初）のリサイクルプラントを受け皿として用意した。再商品化について、2002年度は約1,015万台が引き取られ、再商品化等実績はエアコン84％（再商品化等基準60％）、テレビ77％（同55％）、冷蔵庫66％（同50％）、洗濯機75％（同50％）であった（「平成15年版循環型社会白書」「平成19年版環境循環型社会白書」）。この法律の施行後環境省により、一部の消費者等による不法投棄が集計されているが、法対象品目について、2005年度に約15万5千台（有効な回答が得られた1,784市区町村・全人口比99.2％の集計値）が不法投棄され、同法に基づく引取等台数に対して1.32％、2001年度〜2005年度の不法投棄台数は13万2千〜17万5千台／年、不法投棄割合は1〜2％である（2006年11月28日、環境省報道発表資料）。

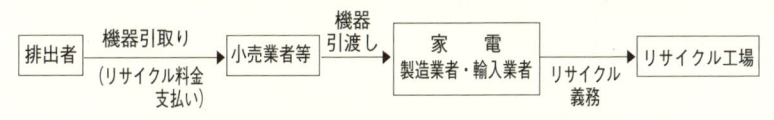

図5-2　特定家庭用機器再商品化法の仕組み

　食品循環資源の再生利用等の促進に関する法律は2000年に制定された。食品廃棄物が一般廃棄物について約1,800万トン／年、産業廃棄物について約400万トン／年（いずれも2000年度）のように、特に一般廃棄物における食品廃棄物の占める割合が高いが、2002年度に再生利用されているのは12％程度に過ぎず、ほとんどが焼却処理されていることが背景にある（「平成15年版循環型社会白書」）。この法律では、食品廃棄物等で有用なもの（食品循環資源）の再生利用、食品廃棄物の発生抑制等を目的として、事業者、消費者に食品廃棄物等の発生の抑制、

再生利用の促進に努めるよう求め、年間100トン／年以上の食品循環資源を排出する事業者で再生利用が不十分である者に再生利用等の措置を勧告すること、勧告に従わなかった場合には公表すること、さらに勧告した内容を命令することもできることを規定した。なお、年間100トン／年以上を排出する事業者は排出量全体の約6割を占めるとされている（農水省資料）。この法律ではこうした食品循環資源を排出事業者の委託により再生する「登録再生利用事業者」の制度を設けて、肥料化、飼料化などを行い、再生された肥料、飼料を農業などで使用することを促すような一体的なシステムの構築を目指していることに特徴がある。

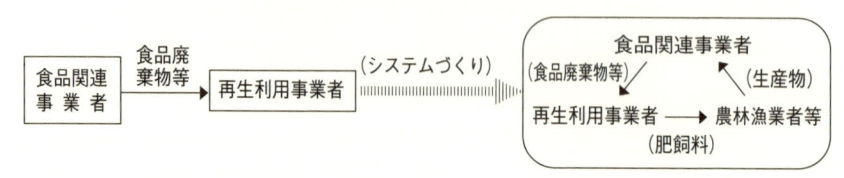

図5-3　食品循環資源の再生利用等の促進に関する法律の仕組み

建設工事に係る資材等の再資源化等に関する法律は2000年に制定された。この法制度を設けた背景としては産業廃棄物のうち、建設廃棄物が排出量の約2割、最終処分量の約4割を占めていること（2000年度）、また、建設廃棄物に起因する不法投棄事件が多く、件数及び不法投棄量で約6割を占めることが挙げられる。法律では一定規模以上の建設工事について、工事を受注した事業者に分別解体等によってコンクリート、木材、アスファルト・コンクリートに分別し、それぞれ再資源化を行うこと（処理業者に委託可）を義務付けている。この法律に基づく基本方針が2001年に定められ、それによれば2010年までに建設廃棄物の再資源化率を95%とすること、国の直轄事業については2005年度まで

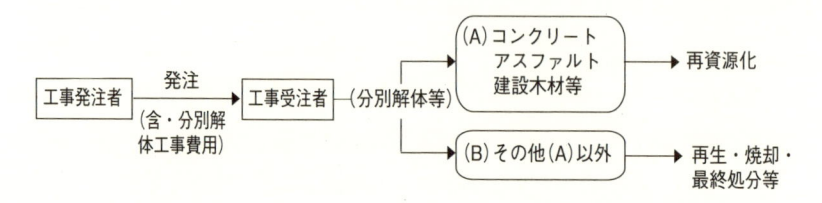

図5-4　建設工事に係る資材等の再資源化等に関する法律の仕組み

に最終処分量をゼロとすることを目標にしている。2005年度にコンクリート塊、アスファルト・コンクリート塊について、それぞれ98%以上のリサイクル率であるが、建設発生木材について再資源化率が68.2%に止まっている（「平成19年版環境循環型社会白書」）。

使用済自動車の再資源化に関する法律は2002年7月に制定され2005年1月に施行された。この法律の制定の背景は、年間約500万台の不要となる自動車が発生し、そのうちの約100万台が輸出されるが、残りの約400万台が国内で処理される必要があることである。この法律の制度の特長として処理料金の前払い制度を採用したことが挙げられる。自動車の購入時にリサイクル料金を資金管理法人に払い込み、最終的に不要となって処理された場合には処理した自動車製造業者・輸入業者に払い渡しされる仕組みである。最終所有者が不要とした使用済自動車は販売店等を通じて引き取られ、解体業者等によりフロン回収、エアバッグ処理、再使用部品・再資源化部品回収、配線等のシュレッダー処理等がなされるが、必要な処理費用は使用者が支払っている預託金が充てられる。

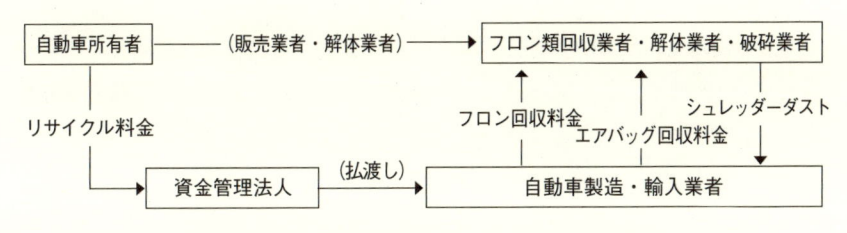

図5-5　使用済自動車の再資源化に関する法律の仕組み

パーソナルコンピュータ（以下「パソコン」）について、資源有効利用促進法により、事業系パソコンについて2001年から、家庭用パソコンについて2003年から、製造事業者に再資源化が義務づけられている。同法に基づき、回収、引き取りの仕組みが整備されており、企業等事業者の所有するものについて、企業等と製造事業者の間の回収・処理契約により、また、家庭用パソコンについては、消費者から製造事業者への申込みを経て、消費者に送付される伝票を付したパソコンを郵便局を通じて製造事業者が引き取る方法により、回収する仕組みとなっている。

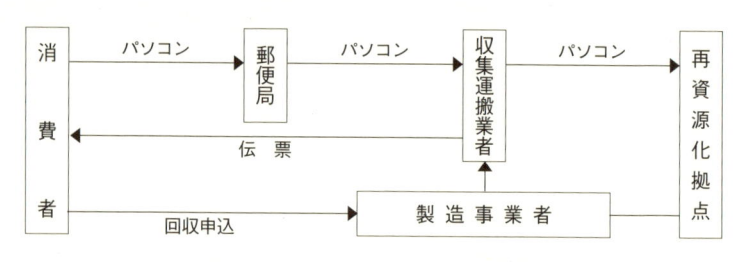

図5-6　家庭用パソコンの回収の仕組み

5-4　廃棄物処理・リサイクルをめぐる経済的手法

　1970年に制定された廃棄物処理法は、一般廃棄物、産業廃棄物の処理を規制的な手法を用いて、公衆衛生、環境保全に配慮して適正に処理・処分を行う考え方に立って社会的な仕組みを構築してきた。1980～90年代に、「持続可能な開発」の概念による資源の節約・地球環境への負荷の軽減が必要との考え方、及び「拡大生産者責任」の概念による製品の生産者責任の拡大が必要との考え方をともに踏まえるような制度として、「特定家庭用機器再商品化法」、「使用済自動車の再資源化に関する法律」が制定された。これによって消費者、使用者の費用負担のもとで製造事業者等が再生利用を含む処理・処分の責任を持つこととなった。また、容器包装法では住民・市町村による分別回収を前提とするが、容器製造者・容器使用者に引取と再生利用を求める制度とされた。廃棄物処理法は規制的な手法をとり、リサイクル諸法は処理費用等は最終的には消費者・使用者の負担に帰することとなるが、生産者責任を求める手法をとっているといえる。

　廃棄物処理、リサイクルにおけるもう1つの手法は経済的な手法である。
　ごみ処理に要する費用については、1995年度に約2兆2,000億円、2001年度には約2兆6,000億円に達し、2004年度には約1兆9,000億円である。1990年代半ば以降から2000年代初頭にかけて、ごみ処理施設についてダイオキシン類対策に必要な新設がなされ、それに伴う多額の費用を要した。廃棄物処理法では一般廃棄物の処理については市町村が責任を負っており、処理費用は税により

賄われている。1970年代以降、1990年頃までの間、ごみの排出量が増加し続けたことについて、国民の生活様式の変化や大量の工業製品が社会に浸透した背景が指摘されるが、もう１つの要素として収集場所へごみ出しをしておけば市町村によって処理してもらえるというシステムがとられたことが指摘される。このことからごみの発生抑制の１つの手法としてごみの排出量に応じて料金を徴集する「従量制」の導入が行われるようになってきた。山谷によれば2006年10月の時点で、全国の804市のうち、324市が有料化を実施し、有料化の割合は45.2%である。(山谷「ごみの有料化は何をもたらしたか」)

　経済的な手法の１つとして「デポジット制度」がある。これは予め販売時に回収費用を上乗せして販売し、回収時に費用を払い戻しする制度で、アルミ缶、スチール缶などのような容器包装に対して有効と考えられるところから一部の地域で採用されている。「平成15年版循環型社会白書」は2001年度末に45の地域で実施されている例を紹介しているが、それらの中には北海道函館市、大阪府豊中市などのように、人口の多い地域のレベルで市が事業主体となって実施している例がある。また、この制度の特長から離島などの限られた地域の範囲で採用することは有効と考えられるが、東京都八丈島、静岡県初島、大分県姫島で実施されている。

　県レベルで産業廃棄物の最終処分等に対して課税する制度について、三重県が2002年４月までに施行したのを初めとして、2007年３月末までに28の地方公共団体で条例を制定して施行されている。これらは「法定外目的税」(地方自治体が条例により目的等を定めて地方税法に規定されていない税を徴税するもので2000年４月に地方分権一括法により創設された)として最終処分場への搬入に対して課税し、税収は産業廃棄物の発生抑制、再生・減量などの施策に充てられている。(「平成15年版循環型社会白書」、「平成19年版環境循環型社会白書」)

5-5　循環型社会形成推進基本計画

　2002年に制定された循環型社会形成推進基本法は、循環型社会の形成に関する施策を総合的、計画的に推進するために「循環型社会形成推進基本計画」(以

表5-4 循環型社会形成推進基本計画の目標

	2010年度目標	現状
物質フローに関する目標	資源生産性(注1) 約39万円/トン 循環利用率(注2) 約14% 最終処分量 約28百万トン	2000年度 約28万円/トン 〃 約10% 〃 約56百万トン
廃棄物に対する意識・行動	約90%の人たちが意識を持ち、約50%の人たちが具体的に行動する。(注3)	2001年度世論調査結果 「(いつも・多少)ごみを少なくする配慮やリサイクルを心掛けている」人 71% 「(いつも・できるだけ・たまに)環境にやさしい製品の購入を心掛けている」人 83%
廃棄物等の減量化	2000年度比 排出されるごみの量 20%減	2000年度 家庭ごみ排出量630g/日・人、事業所ごみ排出量10kg/日
環境ビジネス	グリーン購入(注4) 地方公共団体 約50% 上場企業約50%、非上場企業約30%	2001年度 グリーン購入 地方公共団業 約24% 上場企業 約15%、非上場企業 約12%
	環境報告書公表・環境会計実施 上場企業 約50% 非上場企業 約30%	2001年度 環境報告書公表：上場企業 約30%、非上場企業 約12% 環境会計実施：上場企業 約23%、非上場企業 約12%
	環境ビジネス市場・雇用規模 1997年度比 2倍	1997年度 循環型社会ビジネス規模 約12兆円 循環型社会雇用規模 約32万人

注1：国内総生産（GDP）／天然資源等投入量
　2：循環利用量／（循環利用量＋天然資源等投入量）
　3：世論調査結果による。
　4：購入・利用可能な製品・サービスの中から環境に対する負荷の少ないものを優先して購入・利用すること。なお、国においては2000年に制定された「国等による環境物品等の調達の推進等に関する法律」により、2001年度から全面的に実施されている。この法律は「グリーン購入法」とも称される。

下「循環基本計画」）を政府が策定するよう規定した（法第15条）。2003年3月にその循環基本計画が閣議決定された。それによれば20世紀が大量生産、大量消費型の経済社会を広めることによって、多くの恩恵をもたらすと同時に、大量廃棄型の社会を形成して物質循環に配慮しないことによって、国内的には廃棄物処理・処分等にともなう諸問題を、また国際的には資源の枯渇や地球環境への負荷などの問題を生じさせたとの認識のもとに、これからの課題として、日本の社会経済活動について、総物質投入量・資源採取量・廃棄物等発生量・エネルギー消費量の抑制、再使用・再生利用の推進によって、資源消費の抑制、環境への負荷の低減に取り組むとしている。

同計画は2010年度を目指した意識・行動、廃棄物等の減量化、循環型社会ビジネスについて数値目標を掲げている。目標に対する2004年度実績は、「資源生産性」(国内総生産／天然資源等投入量) について約33.6万円／t (2010年度目標、約38万円／t)、循環利用率 (循環利用量／[循環利用量＋天然資源等投入量]) について約12.7% (同目標、約10%)、最終処分量について約3,500万t (同目標、約2,800万t) である。(「平成19年版環境循環型社会白書」)

第6章
日本の自然環境

6-1 日本の土地利用

　日本は北緯45～20度の南北約3,000km、寒冷な地域から亜熱帯に至る約3,900の島からなり、3万数千キロの海岸線から高度3,000mの山岳地までの変化に富む自然を有する約38万km^{2}の島国である。海に囲まれて、平均約1,700mm／年の降水量があり、湿潤で多様な植生、生態系を持つ。日本の森林面積の割合は67％で、他の先進国には例の少ない豊かな森林割合である。OECD諸国の中では70％以上のフィンランドに次いで高く、韓国、スウェーデンの65％とほぼ同程度である。カナダが45％、アメリカ、ドイツ、フランス、スイスなどが30％程度、イギリスが約10％であることと比べると日本が高い森林割合を維持していることが知られる。

　生物多様性のレベルについては、熱帯林を有する国々に比べれば多くはないが、ヨーロッパの先進国に比べれば高く、寒冷な地域から亜熱帯に至る南北に長い国土、長い海岸線と多くの島嶼、さらには広く分布する森林などによる。また、起伏に富む山地と森林、自然海岸や島嶼、山辺の田畑や農村集落、海岸部の漁村集落等は多様で美しい景観を形成している。

　日本の人口、1億2,700万人（2000年）が約38万km^{2}の面積に住み、人口密度340人／km^2（2000年）は先進諸国の中では最も多い国の1つである。国土

表6-1 日本の土地利用

年	総面積	農用地 農地	農用地 採草牧草地	森林	原野	水面・河川・水路	道路	宅地 住宅地	宅地 工業用地	宅地 その他宅地	その他
1985	377.8	53.8	1.1	252.9	3.0	13.2	10.7	9.4	1.5	4.2	28.0
1990	377.7	52.4	0.9	252.4	2.8	13.1	11.4	9.7	1.6	4.7	28.7
2004	377.9	47.3	0.8	250.9	2.7	13.3	13.1	11.0	1.6	5.6	31.6

出典:「日本統計年鑑」
単位: 1000km^2

の約3分の2の25万km^{2}が森林であるが、農用地に約5.1万km^2、13%、住宅地、工業用地などの都市的な利用に約1.8万km^2、4.7%を利用している。この自然の下で日本の社会経済活動を行い、アメリカに次ぐ世界第2位の経済規模を実現するに至っているが、環境汚染問題とともに、自然環境の改変や破壊の問題も引き起こしてきた。食糧は鎖国状態であった江戸時代までは、人口約3,000万人程度でほぼ自給自足されていたと考えられているが、現在の食糧自給率は約40%で推移している(「食料・農業・農村白書 平成19年版」)。

6-2 日本の自然の現状

日本は森林面積割合が高いが、1990〜92年に環境庁(当時)が調査した結果では自然植生に関しては19.1%で、その他は植林地など人為的な影響を受けた植生である。植生自然度を1973年に調査した結果と1997年に調査した結果で比較すると、自然林の減少分が人工林の増加と相殺し、林地全体で1.5%減少し、農耕地(水田・畑)の減少分の1.6%が、市街地・造成地等(1.2%増)と農耕地(樹林地0.3%増)とほぼ相殺している(「平成19年版環境統計集」)。日本の土地利用において、自然林から人工林へ、農耕地帯が都市的な利用へ、変化しているものと考えられる。

日本の干潟は、第二次世界大戦後の1945年頃には全国に85,591haが存在したが、1978年頃までに28,261ha、33%が失われ、57,330haになった。失われたのは東京湾、瀬戸内海でそれぞれ約8,000ha、有明海で約4,000haなどであった(「昭和55年版環境白書」)。その後も開発などによる干潟の埋立ては続き、1990

表6-2　日本の植生自然度等の種別と増減

	1973年調査 (メッシュ数)	メッシュ 比率(%)	1997年調査 (メッシュ数)	メッシュ 比率(%)	増減割合 (%)
総メッシュ数	360,359	–	368,727	–	–
自然草原	3,862	1.1	3,993	1.1	0
自然林	78,258	21.7	65,824	17.9	−3.8
二次林(自然林に近いもの)	16,075	4.5	19,598	5.3	0.8
二次林	75,521	21.0	68,540	18.6	−2.4
植林地	75,140	20.9	91,414	24.8	3.9
二次草原(背の高い草原)	7,019	1.9	5,568	1.5	−0.4
二次林(背の低い草原)	5,857	1.6	7,591	2.1	0.5
農耕地(樹林地)	5,509	1.5	6,778	1.8	0.3
農耕地(水田・畑)	81,815	22.7	77,695	21.1	−1.6
市街地・造成地等	11,303	3.1	15,999	4.3	1.2
その他(自然裸地,解放水域,不明)	–	–	5,647	1.5	–

出典:「平成19年版環境統計集」
注　:1つのメッシュは概ね1km²

〜92年調査時点では51,443haに、1998年度に49,573haになっている(「平成19年版環境統計集」)。

日本の海岸線は約3万km以上である。「海岸の人工化が著しい海域」(陸奥湾、東京湾、三河湾、伊勢湾、瀬戸内海、響灘、有明海、鹿児島湾)について、明治・大正期における海岸の状態は自然海岸が60％程度、人工海岸は6％程度で、人工海岸は限られていたと推定されている(「昭和57年版環境白書」)。しかし、1978年の調査時点では全国の人工海岸(干潮時においても波打ち際が人工的な構造物である海岸)が約28％、半自然海岸(干潮時には波打ち際が自然の海浜等となる海岸)約14％、自然海岸が約59％であった。1996年調査では人工海岸は約33％に増え、自然海岸は約53％に減少している(「平成19年版環境統計集」のデータから計算)。

サンゴ礁については、合計で35,345ha、沖縄県に28,235ha、鹿児島県に5,591ha、他に東京都(小笠原諸島など)、宮崎県、熊本県、大分県、愛媛県、和歌山県など11都県に存在する(1998年3月。「平成19年版環境統計集」による)。環境省の調査結果によれば、「沖縄島周辺で・・・過去のオニヒトデの大

表6-3　日本の海岸

調査年度	合計	自然海岸	半自然海岸	人工海岸	河口部
1978	32,170	18,967 (59.0)	4,340 (13.5)	8,599 (27.7)	264 (0.8)
1996	33,574	17,660 (52.6)	4,385 (13.1)	11,212 (33.4)	316 (0.9)

出典:「平成19年版環境統計集」
注　:単位はkm、（　）内は合計に対する割合（%）

発生や、大規模な白化被害からの回復が進行していない……オニヒトデについては、宮古・八重干瀬では2005年度に大発生があり、石垣島と西表島の間に位置する石西礁湖でも増加傾向……奄美大島周辺では食害が島全体に拡大……大隅半島……四国沿岸等……オニヒトデの増加傾向が広がっています……石西礁湖で高水温による白化減少が確認されました」(「平成19年版環境循環型社会白書」)などのように、日本のサンゴ礁に好ましくない変化が起こっている。

　湖沼については、1ha以上の天然のもの480についての調査結果によれば、現在人工湖岸は約30%を占めている。1985年調査時点から1991年調査の間に、人工湖岸は55.6km増加し、自然湖岸が59.9km減少している。1945年以降の40数年間に、66湖沼、約437km^{2}について干拓・埋立が行われ、それは総面積の約15%に相当し、これらの内98.5%は1945年から1979年度の間に行われ、4湖沼は完全に消滅していた。また、湖沼では外来の魚が持ち込まれて繁殖し、在来の魚の生態に影響を及ぼしている。環境庁（当時）が60の湖沼で実施した調査結果によれば約3分の1の湖沼でソウギョ、ブルーギル、ブラックバス等の外国産の移入魚種が確認されている。(「平成8年度環境白書総説」、「平成12年版環境白書総説」)

　河川については、環境省が「原生流域」と定義する流域（面積1,000ha以上にわたり人工構造物及び森林伐採等の人為の影響の見られない集水域）は、1990〜92年調査で99流域、総面積20万5,634haであるが、1983〜86年調査に比べて13流域について原生流域が7,296ha減少し、3流域が要件を満たさなくなり、新たに1流域が増えている。1979年、85年に調査された1級河川の幹川等113河川、1万1,412.0kmのうち、コンクリート護岸や石積護岸などの人工化された

水際線が21.4%で、1979年から60年の間に人工護岸が249.3km、2.2%増加していた。また、ダムや堰などの工作物は河川の魚類の生育環境にとっては障害となる可能性があり、特に川を遡るサケ、アユ等にとっては魚道などが設けられなければ遡上が不可能となるが、調査された113河川の中で上流端まで遡上が可能な河川は13であった。1級河川の支川、2級河川の幹川等の中で良好な自然域を通過する153の河川等の6,249.0kmを調査した結果では、人工化された水際線が26.6％であった。(「平成8年版環境白書総説」、「平成12年版環境白書総説」、「平成15年版環境白書」)

6-3 日本の野生生物の現状

　日本には、脊椎動物約1,400種、無脊椎動物約3万5,000種の動物、維管束植物約7,000種、藻類約5,500種、蘚苔類約1,800種などの植物が存在する。それらの野生生物による日本の生態系は、熱帯雨林を持つ国ほどではないものの、先進国の中では多様性に富むものとされている。水田耕作を主体とし、高低差・起伏の多い山林を持つ日本では、農耕地は平野部や盆地などに拓かれ、また、牧草地もわずかな面積に止まり、比較的多くの森林が今日においても維持された。しかし、第二次世界大戦後の急速な経済開発は自然環境を大いに破壊することとなった。自然林が減少して人工林や都市的利用が増加し、海岸地域では干潟が埋め立てられ、自然海岸が減少した。交通網の整備が進んで、都市地域だけでなく、地方の田園地域や自然環境において自然の生態系が分断されるなどの影響を受けることとなった。
　環境省によれば2003年3月現在で絶滅のおそれがある野生生物種とされている種数は動物746種、植物1,994種の合計2,740種である。

表6-4 日本の絶滅のおそれのある野生生物種

	評価対象種	絶滅	野生絶滅	絶滅危惧Ⅰ類	絶滅危惧Ⅱ類	絶滅のおそれのある地域固体群
哺乳類	約200	4	0	32	16	12
鳥類	約700	13	1	53	39	2
爬虫類	98	0	0	13	18	3
両生類	62	0	0	10	11	0
汽水・淡水魚類	約300	3	0	58	18	12
昆虫類	約30,000	2	0	89	82	3
陸・淡水産貝類	約1,000	25	0	86	165	5
クモ類・甲殻類等	約4,200	0	1	17	39	0
動物計		47	2	358	388	38
維管束植物	約7,000	20	5	1,044	621	－
蘚苔類	約1,800	0	0	110	70	－
藻類	約5,500	5	1	35	6	－
地衣類	約1,000	3	0	22	23	－
菌類	約16,500	27	1	53	10	－
植物計		55	7	1,264	730	－
合計		102	9	1,622	1,118	38

出典:「平成19年版環境循環型社会白書」
注1:絶滅＝日本では絶滅したと考えられる種
 2:野生絶滅＝飼育・栽培下でのみ存続している種
 3:絶滅危惧Ⅰ類＝絶滅の危機に瀕している種
 4:絶滅危惧Ⅱ類＝絶滅の危険が増大している種
 5:絶滅のおそれのある地域固体群＝地域的に孤立している固体群で絶滅のおそれが高いもの

6-4 日本の自然保護

　江戸時代までの日本は森林や鳥獣がよく保護されていたと考えられている。しかし、明治時代に入ると国有林の払い下げが行われて乱伐が進むようになり山林の荒廃が起こった。官有林のうちで必要なものを禁伐林とし、また、民有林についても伐採に制限を加える措置がとられ、やがて1897年（明治30年）には森林法が制定され保護すべき森林を保安林として保護する措置がとられるようになった。この森林法は現在も同趣旨の法制度として機能している。1915年（大正4年）には国有林について学術研究、動植物保護などを目的に保護林として

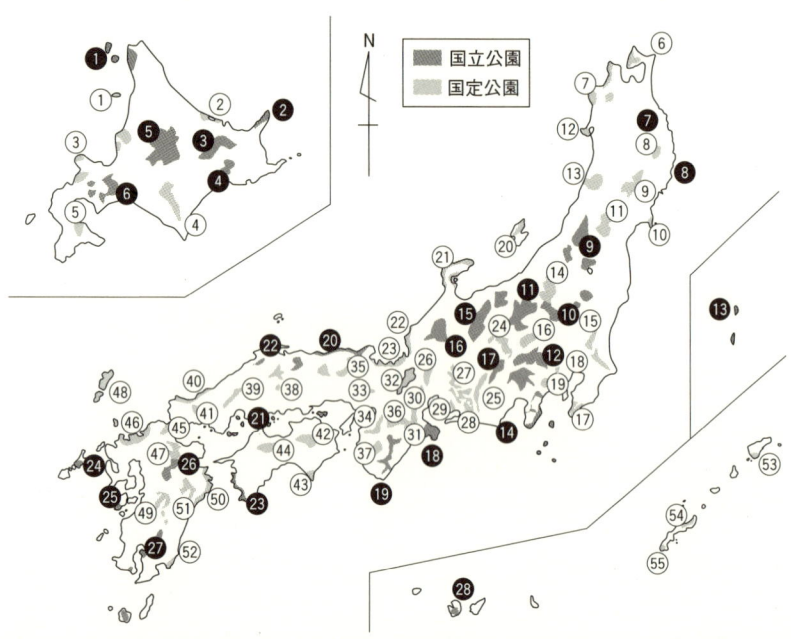

国立公園		国定公園	
❶利尻礼文サロベツ	⓴山陰海岸	①暑寒別天売焼尻	⑳佐渡弥彦米山	㊴西中国山地
❷知床	㉑瀬戸内海	②網走	㉑能登半島	㊵北長門海岸
❸阿寒	㉒大山隠岐	③ニセコ積丹小樽海岸	㉒越前加賀海岸	㊶秋吉台
❹釧路湿原	㉓足摺宇和海	④日高山脈襟裳	㉓若狭湾	㊷剣山
❺大雪山	㉔西海	⑤大沼	㉔八ヶ岳中信高原	㊸室戸阿南海岸
❻支笏洞爺	㉕雲仙天草	⑥下北半島	㉕天竜奥三河	㊹石槌
❼十和田八幡平	㉖阿蘇くじゅう	⑦津軽	㉖揖斐関ヶ原養老	㊺北九州
❽陸中海岸	㉗霧島屋久	⑧早池峰	㉗飛騨木曽川	㊻玄海
❾磐梯朝日	㉘西表	⑨栗駒	㉘愛知高原	㊼邪馬日田英彦山
❿日光		⑩南三陸金華山	㉙三河湾	㊽壱岐対馬
⓫上信越高原		⑪蔵王	㉚鈴鹿	㊾九州中央山地
⓬秩父多摩甲斐		⑫男鹿	㉛室生赤目青山	㊿日豊海岸
⓭小笠原		⑬鳥海	㉜琵琶湖	51祖母傾
⓮富士箱根伊豆		⑭越後三山只見	㉝明治の森箕面	52日南海岸
⓯中部山岳		⑮水郷筑波	㉞金剛生駒紀泉	53奄美群島
⓰白山		⑯妙義荒船佐久高原	㉟氷ノ山後山那岐山	54沖縄海岸
⓱南アルプス		⑰南房総	㊱大和青垣	55沖縄戦跡
⓲伊勢志摩		⑱明治の森高尾	㊲高野龍神	
⓳吉野熊野		⑲丹沢大山	㊳比婆道後帝釈	

図6-1　日本の国立公園・国定公園

指定し保護する制度がとられるようになり、現在もこの制度が機能している。また、明治時代には急速に銃が普及し、江戸時代のような狩猟を禁ずる措置がなくなったために、大型の鳥獣の捕殺が行われた。1873（明治6）年には鳥獣猟規則（太政官布告第25号）が公布され銃猟期間の設定、銃猟の免許制などの措置がとられた。この規則は1892年に狩猟規則（勅令第84号）に、さらに1895（明治28）年に「狩猟法」の制定につながり、その後数回にわたる重要な改正等を経て、現在は「鳥獣保護及び狩猟に関する法律」（以下「鳥獣保護法」）として機能している。1905（明治38）年に日本狼が絶滅したが、その頃の自然を保護する気運の高まりのなかで、1919（大正8）年に「史跡名勝天然記念物保護法」が制定されている。

　1931（昭和6）年には「国立公園法」が制定され、1934年3月に瀬戸内海、雲仙、霧島、同年12月には阿寒、大雪山、日光、中部山岳、阿蘇の国立公園が指定された。国立公園法は第二次世界大戦後の1949年には国立公園に準ずる国定公園の制度を導入するなどの改正が行われ、1957年には都道府県立自然公園の制度を加えて現在の「自然公園法」に改称されている。自然公園法は、「すぐれた自然の風景地を保護するとともに、その利用の増進を図り、もって国民の保健、休養及び教化に資する」としており（自然公園法第1条）、破壊や改変などから風景地を保護すること、及び同時に自然との触れ合いを求める国民に野外レクリエーションの場を提供することを目的にしている。この法律に基づき、国土面積の割合にして14.2%（2005年度末。国立公園5.46%、国定公園3.56%、都道府県立公園5.18%）が指定されている。指定は土地の所有に関係なくなされる。また、指定地域は普通地域、特別地域、特別保護地区、海中公園地区など地域・地区区分ごとに規制措置がとられているが、ほぼ完全に保護措置がとられる特別保護地区は約340万ha（国土面積に対する割合0.90%）である（「平成19年版環境統計集」）。

　自然公園法は自然景観の保護を主目的としており、自然保護そのものを目的としていなかったために、1970年に北海道、1971年に香川県、長野県において自然保護条例が制定されるなど、1972年度末までに41の都道府県で自然保護条例が制定され、日本における自然保護の気運が高まった。こうした状況を背景

として1972年に「自然環境保全法」が制定された。同法は基本理念として、自然環境が人間に欠くことができないものであることから、我々がその恵託を享受できるように、将来の世代に継承できるように、自然環境を保全するべき、とした。なお、自然環境保全法の基本理念については、1993年に環境基本法が制定された時に、同法の基本理念に発展的に吸収され、自然環境保全法から削除された。自然環境保全法は自然公園以外に自然環境を保全するべき地域を指定し必要な規制を行うこと、また自然環境保全基礎調査を行うことなどの法律として機能している。2003年3月末までに原生自然環境保全地域5か所 (5,631ha)、自然環境保全地域10か所 (21,593ha)、都道府県自然環境保全地域530か所 (74,022ha) が指定されている。原生自然環境保全地域には遠音別岳（知床国立公園に隣接する地域）、南硫黄島、自然環境保全地域には白神山地（津軽国定公園に隣接する地域）などが含まれる。

6-5 生物多様性の保護等

　野生動植物の保護施策として自然公園法、自然環境保全法、鳥獣保護法などによるほかに、ワシントン条約、生物多様性条約、ラムサール条約に対応した施策などにより保護、保全対策がとられている。

　日本は1980年にワシントン条約（絶滅のおそれのある野生動植物の種の国際取引に関する条約）に加入した。これは野生動植物を過度の国際取引から保護するために国際協力が重要であるとの認識から採択された条約であるが、1987年にこの条約に対応した国内法として「絶滅のおそれのある野生動植物の譲渡の規制等に関する法律」(1992年廃止) を制定し、条約で規制される種の国内での取引を規制した。その後国内の絶滅の危機に瀕している動植物種リスト作成が実施され、内外の絶滅危惧種について体系的に保存する法制として「絶滅のおそれのある野生動植物の種の保存に関する法律」（以下「種の保存法」）を1992年に制定して対処している。

　種の保存法では、国際的な野生動植物の譲渡規制等に対応する他に、日本の国土全体についての野生動植物種の保護施策を講じようとしている。国内にお

ける野生動植物の保護が鳥獣保護法により、特定地域における保護対策等が自然公園法及び自然環境保全法により講じられてきたが、さらに広く保護を行っていこうとする考え方にたっている。国内で生息、生育する絶滅のおそれのある野生動植物について「希少野生動植物種」として指定し、捕獲、譲渡を禁じるなどにより保護する措置をとっている。なお、このうち一部の繁殖させることが可能なものは区分されて規制措置が緩められている。トキ、ワシミミズク、ツシマヤマネコ、ベッコウトンボなど73種（2007年3月現在）が希少野生動植物種に指定されている。また、特定の種の保護に必要な管理地区を指定して保護すること、特定の種の保護増殖を進める事業なども実施されている。

1992年にブラジル、リオデジャネイロで開かれた地球サミット（開発と環境に関する国際連合会議）には生物多様性条約（生物の多様性に関する条約）が用意され、1993年12月に発効し、日本についてその時点で発効している。この条約は、各国が生物の多様性の保全、自国の生物資源の持続可能な利用につい

表6-5 「第三次生物多様性国家戦略」の概要

生物多様性の重要性：いのちと暮らしを支える生物多様性
① すべての生命の存立基盤　：酸素の供給、豊かな土壌の形成など
② 将来を含む有用な価値　：食べもの、木材、医薬品、品種改良、未解明の遺伝機構など
③ 豊かな文化の根源　：地域色豊かな文化や風土、全ての命を慈しむ自然観など
④ 暮らしの安全性　：災害の軽減、食の安全確保など
課　題
第1の危機　：開発や乱獲による種の減少・絶滅、生息・生息地の減少
第2の危機　：里地里山などの手入れ不足による自然の質の変化
第3の危機　：外来種などの持ち込みによる生態系の攪乱
地球温暖化による危機：多くの種の絶滅や生態系の崩壊
4つの「基本戦略」
1　生物多様性を社会に浸透させる
2　地域における人と自然の関係を再構築する
3　森・里・川・海のつながりを確保する
4　地球規模の視点を持って行動する

出典：「第三次生物多様性国家戦略の概略」（環境省）により作成

て責任があることを指摘したうえで、締約国に対して「生物多様性国家戦略」を作成することを求めている（同条約前文及び第6条）。また、「生物の多様性」について、種内の多様性、種間の多様性及び生態系の多様性としている。日本は2007年11月に「第三次生物多様性国家戦略」を閣議決定している。現在のこの国家戦略は、1995年の第一次戦略、2002年の第二次戦略に次ぐものである。環境省は第三次戦略について、「過去100年の間に破壊してきた国土の生態系を100年かけて回復する『100年計画』として提示する……」とし、これから取り組むべき施策の方向性を4つの「基本戦略」としてまとめたとしている（環境省）。

　日本は1980年にラムサール条約（特に水鳥の生息地として国際的に重要な湿地に関する条約）に加入している。この条約は「水の循環を調整するものとしての湿地の及び湿地特有の動植物特に水鳥の生息地としての湿地の基本的な生態学的機能を考慮し……湿地の進行性の侵食及び湿地の喪失を現在及び将来とも阻止する」（同条約前文による）などを目的としている。条約の締約国は、湿地に自然保護区を設けることにより湿地及び水鳥の保全を促進し、監視することとされ（同条約第4条の1）、また登録された湿地については、湿地の保全と適正な利用に関する計画を作成し、実施することとされている（同条約第3条の1）。日本では釧路湿原、クッチャロ湖、ウトナイ湖、霧多布湿原、厚岸湖・別寒辺牛湿原、伊豆沼・内沼、谷津干潟、佐潟、片野鴨池、琵琶湖などの33の湖沼等がこの条約の湿地として登録されている（2006年度末現在）。なお、これらの他に自然公園、鳥獣保護区などの制度により保護されている湿地等がある。

6-6　自然と人間の共生

　1993年に環境基本法が制定された。同法は環境の汚染の防止、自然環境保護、廃棄物の処理処分と資源リサイクル、地球環境保全などを含む環境政策の基本理念、基本施策の枠組を定め、政府に対して「環境基本計画」の策定を求めた。1994年12月には最初の環境基本計画が閣議決定されたが、同計画は「循環」、「共生」、「参加」及び「国際的取組」が実現される社会を構築することを長期的目標として掲げた。この共生について、多様な生態系の健全性を維持・回復し、自

然と人間との豊かなふれあいを保ち、共生を確保する、との考え方がとられた。

　自然保護については、1931年に制定された国立公園法を1957年に自然公園法に改正して施行されてきた国立公園、国定公園などの保護施策が典型的であったが、同法では自然の風景地の保護の考え方が基調であった。1972年に制定された自然環境保全法は、野生生物種、生態系などの自然環境そのものに着目し、人間に欠くことができない自然について、我々がその恵託を享受できるように、また、将来世代に継承するように自然を保護するという考え方がとられた。1994年の環境基本計画の共生という考え方は、自然環境保全法においてとられていた考え方に比べて、自然を人間のために必要であるという価値観のみから見るのではなく、自然と手をたずさえようとする考え方への変化のようにみることができる。

　2002年10月に自然再生推進法案が議員立法により提案され12月には成立した。2002年3月に決定された政府の「生物多様性国家戦略」(第二次戦略)では、生物多様性の保全及び持続可能な利用のための基本方針として、自然資源の収奪・自然破壊などのあり方を転換して、自然を再生・修復するという自然再生の考え方が示されていた。自然再生推進法はそうした考え方の延長上にあるものとみることができる。同法は制定の目的のなかで、生物の多様性の確保を通じて自然と共生する社会の実現を図ること、地球環境保全に寄与することとしている。また、自然再生を定義して「過去に損なわれた生態系その他の自然環境を取り戻すことを目的として……関係行政機関……地方公共団体、地域住民、NPO、専門家など……多様な主体が参加して、自然環境の保全、再生、創出や維持管理を行うこと」としている。人と自然の共生という考え方について、こうした自然再生事業を行うという具体的な法制度としたものとして自然再生推進法を位置付けることができる。この立法措置により、どのような事業により、どのように再生していくかについて、その成果は今後の関係者や国民に委ねられているといえるだろう。この法律に基づき18か所で自然再生協議会が設立され、8か所で自然再生事業実施計画が策定されている(「平成19年版環境循環型社会白書」)。

第7章
地球の自然と人類社会

7-1　地球資源と人類社会

　地球の自然は人類社会の必要物を用意してくれる。大気、水、食料、さらにはエネルギー資源である化石燃料、生活・居住・その他の活動に必要な資源、社会経済活動の場である環境などである。人口65億人が暮らすためのすべてを地球に依存している。

　大気については、地上付近で1気圧程度の密度で、21％程度の酸素と78％程度の窒素を主成分としている。二酸化炭素、亜酸化窒素、メタンなど温室効果を持つわずかな量のガスによって地上付近の平均気温が15℃程度に維持され、また、酸素の存在によって上空15～40km付近に、酸素に対するオゾンの濃度が相対的に多い層である「オゾン層」が形成されることによって、地球の生物にとっては有害である波長の短い太陽からの紫外線が吸収されて地上には届きにくくなっている。陸上の生態系はこのことによって有害紫外線に曝露されることなく生息することが可能になっていると考えられている。

　水域については、地球の大きさと太陽からの距離によって、液体状態の海洋が広く地球表面を覆っており、大気、海洋、大陸、生態系をめぐる水循環が形成されている。人類社会に水を欠かすことができないが、水循環において、主として陸上への降水が海洋に達する間の河川、湖沼、地下水脈の淡水を飲用、農

用などに利用している。海洋中に生命が誕生・進化し、生物の中からオゾン層の形成の後に陸上に進出するものが現れ、今日のように陸上の生態系が形成された。また、海洋等の生態系は今日では人類社会に1億数千万トン／年の水産物を供給してくれている。

大陸については、人類社会に農耕地と放牧地を用意してくれており、そこから得られる食料によって人類は生存している。また、陸上に暮らす人類にとっては農耕地、放牧地以外の都市活動、鉱工業、交通輸送、余暇活動などの活動の場の多くを大陸・島嶼に依存している。森林資源、その他の陸上の生態系から得られる種々の資源が生活・居住・その他生活に必要な資材を提供してくれている。

人類の社会経済活動は大量のエネルギー資源を必要とする。現在約90億トン／年（石油換算）のエネルギー源の90％近くを化石燃料に依存しているが、これは過去に太陽エネルギーを基にして生息した生物が石炭、石油等に変成したものを掘り出し、燃焼させてエネルギーを取り出して利用しているものである。また、化石燃料以外に、鉄、銅、アルミニウムその他の鉱物資源などについて地球の資源に依存している。

人類にとっては地球が単に即物的な物や場を提供してくれるだけでなく、感性を通じて触れ合う自然が貴重な存在である。国立公園などのような希少で勝れた自然の風景だけでなく、日々に触れる身近な緑や水辺などが多くの人の日常生活に刺激を与えてくれる。

7-2 地球から得られる食料

約1万年前に農耕が始まり、放牧もほぼ同じ頃に始まったと考えられている。現在では地球の陸地の約10％は農耕地として、約20数％は放牧地として利用され、合わせて人為的な利用は陸上の約3分の1を占めるに至っている。

農耕によって得られる食料についてであるが、2000年前後頃の統計データによると、穀物約20億トン／年、根菜作物約6億トン／年程度である。このうち穀物の約40％は畜産用の飼料に回されていると推計されている。家畜の飼育によって得られる食肉等については世界で約2億4,000万トン／年である。（「世界

表7-1 地球から得られる食料

穀物等	食肉等	漁業生産量
穀　　物：2,057 根菜作物：　638	牛　　肉：59 豚　　肉：91 ヤギ・羊肉：11 鶏　　肉：71	漁業生産量：132

注　：穀物類は2004-2005年、根菜作物は1996-1998年、食肉は2001年、漁業生産量は2003年の各データ
単位：百万トン／年
出典1：「世界食料農業白書 2005年報告」（穀物、漁業生産量）
　　2：「世界の資源と環境 2000-2001」（根菜作物）
　　3：「2004-05 環境年表」（食肉類）

食料農業白書2005年報告」、「世界の資源と環境2000－2001」、「環境年表2004－05」）

　穀物、根菜作物の生産量は、穀物の40％が畜産用に回されていることを考慮に入れ、人が必要とするカロリー数から計算すると、人口65億人が暮らしていくには最低限の量であると考えられる。実際には食料に余裕のある国と余裕のない国、不足している国があり、余剰のある国から不足する国への輸出が行われている。

　人口は毎年7,000万人以上がプラスされる増加傾向が続いており、21世紀の半ば頃から終り頃までには100億人（中位予測）になると予測されている。現在の穀物等の生産量で増加する地球人口を養うことはかなり厳しい事態が予想される。また、現在でも既に地球の陸地の3割以上を人為的な農耕地、放牧地に利用していることを勘案すると、今以上に農耕地、放牧地を増加させることは、さらに森林、その他の自然を破壊することを意味すること、地球の陸上生態系に大きな影響を伴うこと、実際に開発し易い陸地を開発し尽くしていることや農耕等に要する水資源の確保にも困難を伴うことなどのために、容易ではないと考えられる。一方で、農耕地は土壌の流出や塩分濃度上昇による土壌の劣化が起こっているが、過剰な開発、過放牧、農業活動などの人為的な原因があると考えられている。また、砂漠化は1991年の国連環境計画（UNEP）の報告によれば、全陸地面積の約4分の1に相当する36億ha、影響を受ける人口は約9億人、農業、牧畜に大きな影響を与えている。（「地球環境キーワード事典」）

　漁業生産量は1950年から1990年の間に約5倍に増加して9,900万トン／年に

なり、2003年には約1億3,200万トン／年に達している。「世界漁業白書2000」は、1999年末に世界食糧機関（FAO）が入手し得た590の魚種について、28%が「過度に利用」、「枯渇」などの状態に、47%が最大持続生産量の状態にあること、つまり75%が「最大持続生産量の生物量水準、できればそれを上回る水準に安定又は回復するためには、厳格な能力及び漁獲の規制を必要とする。」（「世界漁業白書（2000年）」）状態であるとしている。

こうした諸条件を勘案すると、食料を供給してくれる地球環境の有限性が、農耕地・放牧地の確保、漁業資源の持続可能な生産量という絶対量の限界として、また、人為的な活動が与える土壌劣化、砂漠化、過剰な放牧・漁獲、海洋汚染などによる生産量への悪影響などにより、厳しい状況にあることを認識させる。加えてこれからの100年間ほどの間に人口がさらに1.5倍程度の100億人に増加すると予想されるので、食料の確保・供給は人類社会にとって困難な課題である。

7-3 地球の水資源

地球に存在する水の量は約14億km^{3}と推計されている。大部分の96.5%が海に存在する。地下水として1.7%、氷河や南極大陸、北極の島などに1.74%、永久凍土、湿地、河川、生体、大気中などに0.06%が存在する。淡水は地下水のうちの淡水分として0.76%、氷河・南極大陸・北極の島などに1.74%、淡水湖その他に存在するものを合わせて2.53%である。（「地球環境工学ハンドブック」）

地球の降水量は約577兆m^3／年（577,000km^3、この量は地球の水の量の0.043%に相当）、このうち陸上に降る降水量は約119兆m^3／年、蒸発散量を差し引いた45兆m^3／年（45,000km^3、この量は地球の水の量の0.0034%に相当）が実際に水資源として利用できる可能性のある水資源量（水資源賦存量と呼ばれる）で、約2兆m^3／年が地下水に、約43兆m^3／年河川水等になると考えられている。（同）

世界は1995年に3兆5,720億m^3／年の水を使用したと推計されている。このうち、農業用水に約2兆5,000億m^3／年、工業用水に約7,100億m^3／年、生活用水に約3,500億m^3／年を使用した。1995年の水使用量は水資源賦存量の約

表7-2 世界の水需要

年	用水量（10億m³）				人口 （百万人）	一人当り水使用量（ℓ／人／日）	
	生活用水	工業用水	農業用水	合計		生活用水使用量	総水使用量
1950	53	182	1,124	1,359	2,493	58	1,493
1995	354	715	2,503	3,572	5,572	174	1,756
2025	645	1,106	3,162	4,913	8,274	213	1,625

出典：「平成13年版日本の水資源」

8％程度に相当するが、1950年の水使用量の2.6倍、水資源賦存量に対する割合で約5％上昇した。また、この間に農業用水が2.2倍、工業用水が3.9倍に増加したが、生活用水は6.7倍に増加しており、その増加が著しい。(「平成13年版日本の水資源」)

今後も水需要は増加し続けると予測され、2025年には約4兆9,000億m³／年に達すると予測されている。世界では1994年の時点で世界の3分の1の人口は水不足の状態におかれていると考えられているが、人口の増加と経済的な発展等により水需要はさらに増加し、水不足の人口の割合はさらに増えて2025年には世界人口の3分の2が水不足に直面することになると予測されている。(同)

7-4 世界の森林

世界の森林の規模について、森林の定義や集計の方法の違いがあり、一様なデータが示されてはいない。PAGE（地域生態系パイロットアナリシス）は1993年の総森林面積を29億ヘクタール、陸地面積の22％（南極大陸とグリーンランドを除く）と計算し、FAO（世界食糧農業機関）は1995年の森林面積を34.5億ヘクタール、陸地面積の27％としている。人間の活動によってどの程度の森林が失われたかについて、WRI（世界資源研究所）の研究は、もともとの森林から50％程度が減少し現在の森林になったと推定しているが、20％程度の減少とする推定もある。(「世界の資源と環境2000-2001」)

最近の森林消失について年間500万ヘクタールから、1,700万ヘクタールとする推計まで種々の推計があり、FAOの1,300万ヘクタールとの推計がよく引用さ

れる。1980年から1995年にかけて、先進国では2,000万ヘクタールの植林がなされ、開発途上国では2億ヘクタールの森林が失われた。植林により森林が再生されているが消失に追いついていないと推計されている。少なくともFAOの推定である年間1,300万ヘクタールを上回る森林消失が起こっていると推定されている。

　こうした森林の消失の原因についてであるが、FAOは1997年の調査の結果から、アフリカにおける森林消失が農村の人口増加とそれに付随する農業の拡大が主因であるとした。中南米の森林消失は大規模な放牧や政府の移住・開墾、ダム建設によること、アジアの森林消失は農業と経済開発によること、とされている。なお、FAOは薪炭材としての利用は森林の質などに影響を与える可能性はあるが、森林消失の主因としない考え方をとっている。（同）

　森林は生物多様性を維持する上できわめて重要な役割を果たしていると考えられている。なかでも消失が進む熱帯林や亜熱帯林に多種多様の多くの生物種が生息していると考えられている。また、森林は莫大な量の炭素を固定していると考えられている。PAGEの研究者によれば、「全陸域生態系が貯蔵している炭素は1兆7,520～2兆3,850トン炭素で、そのうち35～39％（6,130～9,380億トン炭素）が森林に貯蔵されている……」量である。森林の消失は貯蔵炭素を温室効果ガスである二酸化炭素に酸化して地球の温暖化を加速することを意味する。また、森林は降雨時の水の流出を調整し、水資源にとって重要な役割を果たし、土砂の流出や土石流の発生を防いでいる。（同）

7-5　野生生物と生物多様性

　確認されている野生生物の種数はおよそ170万種であるが、実際には確認されていない種があり、推定値は300万種～1億1,000万種とされている。推定値の幅を大きくさせているのは昆虫の種数に対する見積りでその推定値は200万～1億種である。国際的な専門家のグループによる控えめに提示された種数は1,400万種、現実的な推計値として800万種がある。野生生物は森林の破壊、環境の改変や汚染、海洋開発や漁業、その他の人類の活動等により絶滅の脅威にさらさ

れる種が増加している。

　世界自然保護連合（IUCN）による絶滅の危機に瀕している動物種は、哺乳類の484種、鳥類403種、爬虫類100種、両生類49種、植物種は6,893種である。絶滅の危機に瀕している種と絶滅の危険性が増大している種を合わせると、全種数について調査された哺乳類については全種数の25％、同じく鳥類については11％が危険性の増大以上の状態にあり、調査した維管束植物24万種のうち、既に絶滅したと考えられる種、絶滅の危機にさらされていると考えられる種は合わせて10数％であった。（「平成12年版環境白書総説」）

　陸上の生態系においては、森林の消失が樹木そのものにとって脅威であるばかりでなく、陸上の生態系、野生生物にとって大きな脅威となっていると考えられる。一方、海洋の生態系においては、水産業が水産生物種に影響を与える規模に拡大し、人類の都市、産業活動が沿岸を汚染し、埋立て等による干潟・海岸の消失を引き起こし、漁業やレジャー行動がサンゴ礁等を破壊する等の諸問題がみられるようになった。最近の漁業資源の捕獲が全体として最大生産レベルを上回っていると推計されているが、個別の種としては既にクジラは商業的な捕獲が禁止され、ミナミマグロについて、商業的な捕獲を制限する措置が導入されてきている。海洋哺乳類のなかには絶滅のおそれのある種などとしてリストアップされているものがある。

　沿岸地域は開発が最も行われ易い地域であるために、世界の海岸線の生態系の半分以上が何らかの開発により脅威にさらされており、WRI（世界資源研究所）によれば「世界の海岸線の34％が重大な環境劣悪化の潜在的リスクに、

表7-3　危機にさらされている動物種

状　　　況	哺乳類 種数	割合(％)	鳥類 種数	割合(％)	爬虫類 種数	割合(％)	両生類 種数	割合(％)
現時点では絶滅の危機にない種	2,661	61	7,633	80	945	74	348	70
存続基盤が脆弱な種	598	14	875	9	79	6	25	5
絶滅の危険性が増大している種	612	14	704	7	153	12	75	15
絶滅の危機に瀕している種	484	11	403	4	100	8	49	10

出典：「平成12年版環境白書総説」（原典は「1996 IUCN Red List」）

表7-4 危機にさらされている植物種

状　　　況	総　数（種）	割　合（%）
調査対象となった種の総数	242,013	−
危機にさらされている種の総数	33,418	14
絶滅の危険性が増大している種	7,951	3
絶滅の危機に瀕している種	6,893	3
本来希少である種	14,505	6
特定できない種	4,070	2
既に絶滅した種	380	<1

出典：「平成12年版環境白書総説」（原典は「1996 IUCN Red List」）

17%がより軽度なリスクに直面している。」、「ヨーロッパでは、海岸線の86％が、またアジアの海岸線はその69%が強度あるいは中程度のリスクにさらされており、この2海域が最も激しい劣化の脅威にさらされている」とされる。サンゴ礁は地球の生態系にとって重要な役割を持つが、開発、漁業、観光等による影響を受けている。開発に伴う表土の流出による窒息、ダイナマイトを使った破壊、建築材料としての採掘、等によってサンゴ礁が影響を受け、1992年の評価では生息地の5～10％が破壊されたとされている。また、マングローブはフィリピンでは約70％、インド、ベトナムでは約50％が失われたとされ、世界全体では約半分が破壊されたと推計されている。(「世界の資源と環境1996－97」)

個別の野生生物について絶滅の危機を回避させることと同様に、生物の多様性を確保、維持する必要がある。生物の多様性はこれまでの人類の諸活動の基本要件であったと考えられる。火を使用し始めたときに大型の動物が人類に食料を、農耕と牧畜を開始したときには農作物、家畜を、また、燃料、建築資材、医薬品、工業用品等を提供してくれた。科学的に有益な新たな情報や品種の改良等においても重要なヒントを与え、また単に実用的な側面だけでなく、我々の感性に対してもよい刺激を与え続けてきた。これからの人類の諸活動を維持しつつ、あらゆる種類の生態系、生物の多様性を回復、維持して行くことは極めて困難と考えられるが、可能な努力が求められる課題である。

第8章
地球大気の諸問題

8-1 酸性雨

　重油、石炭などの燃料を燃焼させると二酸化硫黄、一酸化窒素などの大気汚染物質が排出され、それらは工業地域などの後背地に局地的な大気汚染問題を引き起こすことがあるが、数百～千km以上もの広い範囲にわたって、酸化されて硫酸、硝酸に変化しながら拡散し、降雨・降雪とともに降下するなどによって、酸性の雨や降下物を降らせる場合があり「酸性雨」と呼ばれる。一般的には雨が大気中の炭酸ガスを吸収して炭酸酸性となり、その場合には水素イオン濃度（pH）が5.6になり得るので、pHが5.6以下の雨について酸性雨とされている。

　酸性雨が地上に降下すると、森林、植物に影響を与えること、湖沼の水を酸性化させることにより影響を与えること、土壌を酸性化させることにより影響を与えること、などの影響が起こり得る。雨や雪を酸性化させて降下する場合があるし、硫酸、硝酸が直接に、あるいは微粒子とともに降下・沈着する場合があり、前者を「湿性沈着」、後者を「乾性沈着」と呼ぶ。

　北米では産業活動が盛んな北東部において年間平均でpHが4.3程度の湿性降下物が観測されている。この地域のアディロンダック山中の湖沼について、1930年代の観測結果に比べて、1975年には魚類が見られない湖沼の割合が増加した。

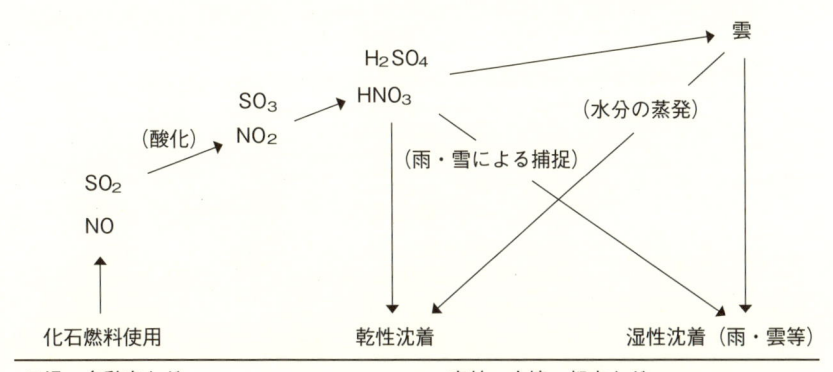

図8-1　酸性雨の模式図

(「酸性雨」)

　ヨーロッパでは酸性雨による影響及び二酸化硫黄、オゾンその他の大気汚染物質によって影響を受けて衰退、または枯死した森林はヨーロッパのほぼ全域に及び、チェコ、ポーランドでは影響を受けた森林の面積が50%を超えている。スウェーデンの湖では1930、1940年代から1971年にかけてpHの酸性化が進んだ。また、歴史的な建造物や石像が酸性雨によって浸食されている。(同)

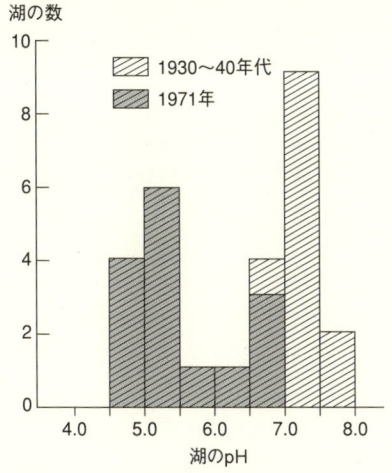

図8-2　スウェーデンの湖のpHの変化
出典：「酸性雨」

15年度平均／16年度平均／17年度平均

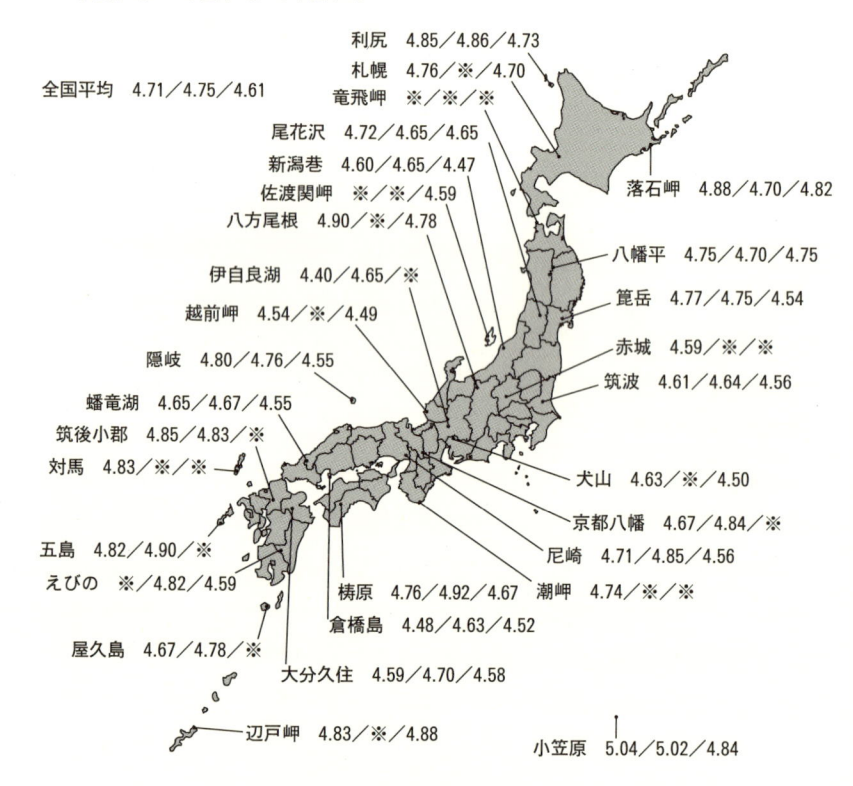

全国平均 4.71／4.75／4.61

利尻 4.85／4.86／4.73
札幌 4.76／※／4.70
竜飛岬 ※／※／※
尾花沢 4.72／4.65／4.65
新潟巻 4.60／4.65／4.47
佐渡関岬 ※／※／4.59
八方尾根 4.90／※／4.78
伊自良湖 4.40／4.65／※
越前岬 4.54／※／4.49
隠岐 4.80／4.76／4.55
蟠竜湖 4.65／4.67／4.55
筑後小郡 4.85／4.83／※
対馬 4.83／※／※
五島 4.82／4.90／※
えびの ※／4.82／4.59
屋久島 4.67／4.78／※
辺戸岬 4.83／※／4.88

落石岬 4.88／4.70／4.82
八幡平 4.75／4.70／4.75
箆岳 4.77／4.75／4.54
赤城 4.59／※／※
筑波 4.61／4.64／4.56
犬山 4.63／※／4.50
京都八幡 4.67／4.84／※
尼崎 4.71／4.85／4.56
潮岬 4.74／※／※
梼原 4.76／4.92／4.67
倉橋島 4.48／4.63／4.52
大分久住 4.59／4.70／4.58
小笠原 5.04／5.02／4.84

図8-3　日本の降水のpH

出典：「平成19年版環境循環型社会白書」
注1：2003年度平均値／2004年度平均値／2005年度平均値
　2：＊＝年平均値を無効としたもの
　3：降水量加重平均値

中国の酸性雨について「中国環境公報」は、「降水年間平均pH値が5.6未満の都市は、主に長江以南や青蔵高原以東の広大な地区と四川盆地に分布している。華中、華南、西南そして華東地区は、依然として酸性雨汚染の深刻な区域である。北方においては、局地的に酸性雨が見られる。2000年にモニタリングした254都市の内……92都市は年間平均pH値が5.6未満で36.2％を占めている」（「2000年中国環境公報」）と報告している。

　日本について環境省は、1973～2004年度の20年の調査結果から、全平均値でpH＝4.77で欧米並みの酸性雨が観測されたこと、日本海側の地域で大陸からの汚染物質の流入が示唆されたこと、酸性雨による植生衰退等の生態系被害や土壌の酸性化は認められなかったこと、などとしている。しかし、「一般に酸性雨による影響は長い期間を経て現れると考えられているため、現在のような酸性雨が今後も降り続けば、将来、酸性雨による影響が顕在化するおそれがあります」（「平成19年版環境循環型社会白書」）とされている。

　酸性雨に関する今後の見通しについてであるが、世界的にエネルギー消費量が増加し続けており、排出規制が十分に行われないような開発途上国においてもエネルギー使用量の増加が予想され、硫黄酸化物、窒素酸化物の排出量を抑制できる確実な見通しはないので、これまでに実態や影響についての監視の体制が整えられている地域についても、その他のエネルギー消費量が増大するような地域についても監視が行われる必要がある。

8-2　オゾン層破壊

　地球の上空15～40km付近では、太陽からの波長の短い紫外線を吸収して酸素がオゾンに変化し、地上よりもオゾンの割合の多い層が存在することによって地球の生態系、特に陸上の生態系が有害な紫外線を避けることができていると考えられている。

　1980年代になって南極の上空でオゾン層のオゾン量が少なくなるオゾンホールが実測されるようになった。1974年に、アメリカのMorina、Rowlandの二人の研究者によって、人工化学物質であるフロンによるオゾン層破壊が起こり

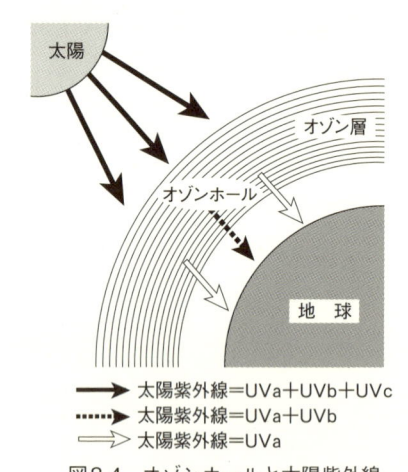

図8-4　オゾンホールと太陽紫外線
注：UVは紫外線、UVa=315〜400nm（紫外線波長、nm=10⁻⁹m）、
　　UVb=280〜315nm、UVc=100〜280nm。

得ることが予測されていたが、現実に観測されるようになったのである。

　1980年頃に始められた南極大陸上空の測定結果は、南極大陸付近の気候の特性から南極の春にあたる9月から10月にかけて、上空のオゾン量が少なくなるオゾンホールが現れること、その規模が1980〜90年代にかけて大陸の面積の2倍程度にまで拡大したことを示した。その後、このようなオゾン量の減少は南極だけでなく、全球的な傾向であることが判明し、日本でも1960年頃から実施されてきた観測結果から、1980年代にオゾン量の減量が観測された。しかし、最

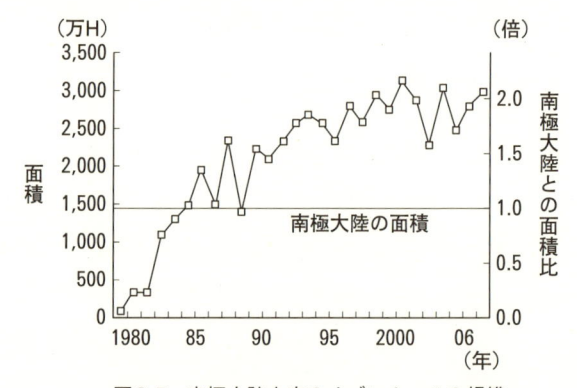

図8-5　南極大陸上空のオゾンホールの規模
出典：「平成19年版環境循環型社会白書」（原典：「オゾン層観測報告2006」）

近の観測結果を総合すると「日本上空のオゾン全量についても1980年代を中心に減少しましたが、1990年代以降はほとんど変化がないか、緩やかな増加傾向が見られます」とされている。(『平成19年版環境循環型社会白書』)

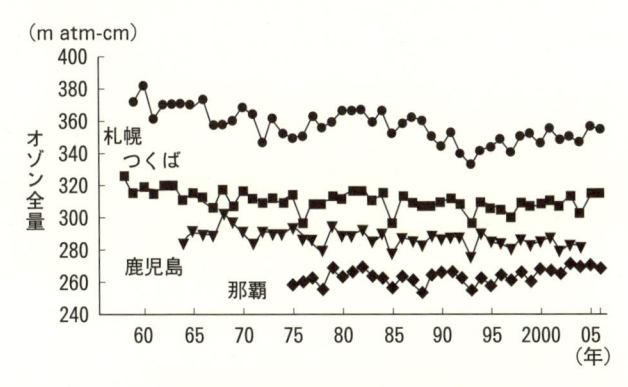

図8-6 日本上空のオゾン量の推移
出典:「平成19年版環境循環型社会白書」(原典:「オゾン層観測報告2006」)

フロンは安定で毒性のほとんどない炭素、塩素、フッ素からなる化学物質で、代表的なものにはフロン-11(CCl_3F)、フロン-12(CF_2Cl_2)、フロン-113($C_2F_3Cl_3$)などがあり、冷媒、発泡剤、洗浄剤、噴射剤などとして工業用、その他の多様な用途に使われた。しかし、沸点が低く大気中に蒸発し易い性質を持ち、また、大気中では化学的に安定であるために地球大気に広く拡散して成層圏のオゾン層にも及び、そこで紫外線のエネルギーを得て分解すること、分解すると塩素を放出し、その塩素が触媒のような働きをしてオゾンを酸素に戻してしまうことによって、オゾン層を破壊すると考えられている。現在ではフロンの他に、炭素・塩素・フッ素・臭素、炭素・フッ素・臭素からなる化合物(「ハロン」と呼ばれる)、炭素と水素・塩素・フッ素を含む化合物(フロンに替わる物質として生産されたことから「代替フロン」と呼ばれる)、四塩化炭素、臭化メチルなどもオゾン層破壊効果を持つことが知られている。

1980年代末頃まではフロンは工業的に、また噴射剤などとして商品に、世界で広く使用され、1988年には百万トンを超える量が使用され、日本では1986年にフロンを11万8,000トン、ハロンを1万7,000トン消費していた(『地球環境工

学ハンドブック」、「地球環境ハンドブック」)。フロン、ハロンなどのオゾン層破壊効果を持つ物質は、1985年に「オゾン層保護のためのウイーン条約」、及び1887年に同条約に基づくモントリオール議定書が採択され、やがて発効し、1990年代になって物質ごとに具体的に削減する国際的な取組が行われるようになった。ハロンについては1993年に、フロンについては1995年にそれぞれ生産が全廃されているなどのように、既に全廃措置がとられているものがある。すべてのオゾン層破壊物質について、先進国について2020年までに、開発途上国について2040年までに全廃するスケジュールが具体的に定められている。

　実際にオゾン層の破壊がどのような影響を与えるかについてであるが、人への健康影響について皮膚癌の発生率を高めること、目の白内障が増加することが推定されている。また、生態系、農業への影響について未解明な点が多いと考えられている。(「オゾン層破壊」)

8-3　地球温暖化

　地球温暖化について、IPCC（Intergovernmental Panel on Climate Changeの略）の第4次評価報告書は、「気候システムの温暖化は疑う余地がない」とし、地球の地上付近の気温は1906〜2005年の間に0.74（0.56〜0.92）℃、平均海面

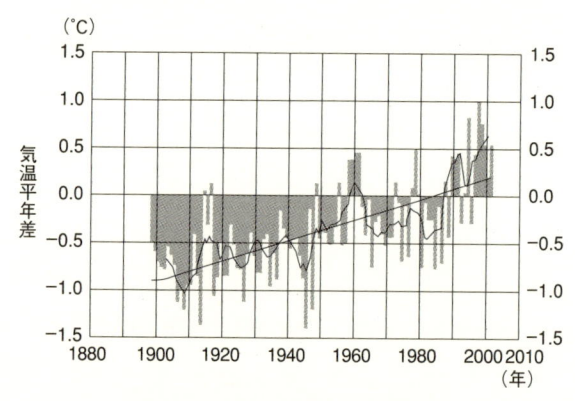

図8-7　日本の年平均地上気温の変化
出典：「平成15年版環境白書」（原典は気象庁）
注：棒グラフは各年の値、折れ線は各年の値の5年移動平均、直線は長期傾向

は0.17（0.12〜0.22）m上昇したと報告した。さらに、最近50年間の温度上昇は過去100年間の傾向のほぼ倍以上、世界平均海洋温度は少なくとも水深3,000mまでは上昇しており、気候システムに加わった熱量のうち8割以上を海洋が吸収している、とした。実際に起こっている現象として、山岳氷河と積雪が減少していること、北極の気温が世界の平均のほぼ2倍の速さで上昇していること、北極の海氷範囲が減少していること、南極の氷床が減少していること、北シベリアの永久凍土が融解していること、降水量の増加が見られる地域があること及び乾燥化が進んでいる地域があること、熱帯低気圧の強度が増していること、などを挙げた。(「IPCC第4次評価報告書」)

　日本の気象庁の観測結果は、日本では過去100年間に約1℃の気温上昇があったとしており、こうした気温の上昇は大気中の温室効果ガスの濃度の上昇によるものであると考えられている。(「気候変動監視レポート2001」)

　大気中の微量な空気の成分である二酸化炭素、メタン、亜酸化窒素などは、太陽からの光を透過させるが、夜間に地球から宇宙に向かって放射される赤外線についてはそのエネルギーを吸収して貯える温室効果を持つ。地球の地上付近の平均気温は二酸化炭素などによる温室効果がなければ、−18℃ほどになるが、+33℃の温室効果により15℃ほどに保たれている。20世紀の気温上昇は、産業革命期頃以降に化石燃料を大量に使うようになって大気中の二酸化炭素濃

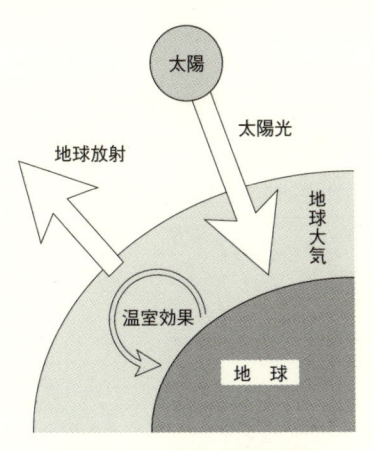

図8-8　地球大気の温室効果

表8-1 温室効果ガスの濃度

	二酸化炭素	メタン	亜酸化窒素	フロン-11	代替フロン(HFC-23)	四フッ化炭素
産業革命期前の濃度	約280ppm	約700ppb	約270ppb	0	0	40ppt
1998年の濃度	365ppm	1745ppb	314ppb	268ppt	14ppt	80ppt
濃度変化率	1.5ppm／年	7.0ppb／年	0.8ppb／年	−1.4ppt／年	0.55ppt／年	1ppt／年

出典:「IPCC 地球温暖化第三次レポート」
注1:変化率は1990〜1998年の期間で計算
 2:ppm＝10^{-6}、ppb＝10^{-9}、ppt＝10^{-12}

度を上昇させるなど、温室効果ガス濃度を増加させたことが関係している。

主な温室効果ガスのうちで、産業革命期以来最も温室効果に寄与度の高いのは二酸化炭素で約60％、メタンが約20％、亜酸化窒素(一酸化二窒素)が約6％、人工の化学物質でオゾン層破壊の効果を持つとして全廃に向けた対策が進められているフロン・代替フロンが約14％とされている。これらのガスの濃度であるが、二酸化炭素については産業革命期前には約280ppmであったが、現在は380ppm程度に増加している。この二酸化炭素濃度の上昇は、化石燃料の燃焼によるものと森林の開発に伴うものによると考えられている。また、メタン、亜酸化窒素も産業革命期前の濃度に比べて上昇しており、フロン・代替フロンは人工の化学物質であるので20世紀になってから大気中に持ち込まれたものである。

8−4 地球温暖化の予測及びその影響予測

地球温暖化に最も影響が大きいと考えられている二酸化炭素は、化石燃料の燃焼、セメント製造、森林の伐採などによって、大気中の濃度が高くなり、温

表8-2 世界のエネルギー需要見通し

	1971	1997	2010	2020
世界	5,012	8,743	11,390	13,710
OECD	3,310 (66.0)	4,750 (54.3)	5,532 (48.6)	5,895 (43.0)
その他	1,702 (34.0)	3,993 (45.7)	5,858 (51.4)	7,815 (57.0)

出典:「平成13年度版総合エネルギー統計」(原典:IEA)
単位:石油換算百万トン／年(カッコ内は世界計に対する割合％)

室効果を加速すると予測されている。エネルギー利用の増加に伴い化石燃料の使用量は今後大幅な増加が予測されている。国際エネルギー機関（IEA）は2020年に137億トン／年（石油換算）になると予測しているが、それは1997年度に比べて約1.5倍、OECD諸国の伸びが1.24倍であるのに対して、非OECD諸国の延びは約2倍と予想されている。

IPCCはその第4次評価報告書統合報告書において、いくつかのシナリオを想定した上で気温上昇、海面上昇及び予測される気候変化による影響を示している。それによれば、最も予測気温上昇が大きいシナリオ（IPCC第4次報告A1FIシナリオ：高成長社会シナリオ、化石エネルギー源重視、人口が21世紀半ばにピークに達した後に減少）の場合、2.4〜6.4℃の昇温、0.26〜0.59mの海面上昇、最も予測気温上昇が小さいシナリオ（同報告B1シナリオ：持続発展型社会シナリオ、地域間格差が縮小、環境保全と経済発展を地球規模で両立させるシ

表8-3 気候変化による影響

水	湿潤熱帯地域と高緯度地域での水利用可能性の増加 中緯度地域と半乾燥地域での水利用可能性の減少および干ばつの増加 数億人が水不足に直面
生態系	1℃以上の上昇で最大30%の種で絶滅リスクの増加、4℃程度の上昇で地球規模での重大な絶滅 1〜2℃の上昇でサンゴの白化、3℃程度の上昇で広範囲でサンゴの白化 2℃以上の上昇で生態系への影響による陸域生物圏の正味炭素放出源化が進行 2〜3℃の上昇で最大15%の生態系に影響、4℃程度の上昇で最大40%の生態系に影響
食料	3℃以上の上昇で小規模農家、自給的農業者・漁業者への複合的・局所的なマイナス影響 2℃程度以上の上昇で低緯度地域における穀物生産性の低下 5℃程度の上昇で低緯度地域におけるすべての穀物生産性の低下 2℃程度以上の上昇で中高緯度地域におけるいくつかの穀物生産性の向上 4℃程度の上昇でいくつかの地域で穀物生産性の低下
沿岸域	2℃程度以上の上昇で洪水と暴風雨による損害の増加 4℃以上の上昇で世界の沿岸湿地の30%の消失 4℃以上の上昇で毎年の洪水被害人口が追加的に数百万人増加
健康	3℃以上の上昇で栄養失調、下痢、呼吸器疾患、感染症による社会的負荷の増加 3℃前後以上の上昇で熱波、洪水、干ばつによる罹患率と死亡率の増加 2℃程度以上の上昇でいくつかの感染症媒介生物の分布変化 4℃以上の上昇で医療サービスへの重大な負荷

出典：「IPCC地球温暖化第4次報告書統合報告書（政策決定者向け仮約）」により作成

ナリオ）の場合、1.1～2.9℃の昇温、0.18～0.38mの海面上昇である。また、そうした気温上昇等の気候変動により、水資源、生態系、食料生産、海面上昇に伴う沿岸域への影響、人の健康等の幅広い影響が生じることを予測している。（「IPCC第4次評価報告書統合報告書」）

第9章
地球環境問題への対応

9-1　オゾン層破壊対策

　1974年にオゾン層の破壊の可能性が示唆された後、1980年代には実際にオゾン層の減少が観測されるようになり、国連環境計画（UNEP）において対応が検討され、1985年3月にはウイーン条約（オゾン層保護のためのウイーン条約）が採択され、1988年9月に発効した。またこの条約に基づき1987年9月にモントリオール議定書（オゾン層を破壊する物質に関するモントリオール議定書）が採択され、1989年1月に発効した。

　モントリオール議定書は「開発途上国の必要に特に留意しつつ、オゾン層を破壊する物質であるフロン等の放出の規制及び削減に関連のある代替技術の研究、開発及び移転における国際協力を推進することが重要である」（同議定書）として具体的な規制措置等を定めている。当初の議定書の発効の後に、代替フロン、その他の物質のオゾン層の破壊効果が認められたために、議定書の改正等、1999年までに5度にわたり規制強化がなされてきた。この議定書によりオゾン層破壊効果を持つと考えられている物質の全廃等の規制措置がとられてきている。

　ウイーン条約及びモントリオール議定書等の措置は国際社会が一致して具体的に取り組んでいるものであるが、地球環境問題の個別の項目として挙げられて

表9-1 オゾン層破壊問題とウイーン条約等の経緯

年　月	内　　容
1974年	Morina、Rowlandによるオゾン層破壊を予測する論文発表
1980年代	南極上空でオゾンホールが観測される
1985年3月	「オゾン層保護のためのウイーン条約」採択
1987年5月	「オゾン層を破壊する物質に関するモントリオール議定書」採択
1988年5月	「特定物質の規制等によるオゾン層の保護に関する法律」制定
1994年	先進国の特定ハロン全廃
1996年	先進国の特定フロン、四塩化炭素、1.1.1トリクロロエタン全廃
2002年	先進国のブロモクロロメタン全廃
2004年	先進国の臭化メチル全廃

参考：先進国については1994年の特定ハロンの全廃以降、2020年までにすべてのオゾン層破壊物質を全廃すること、開発途上国については1996年から2040年までにすべてのオゾン層破壊物質を全廃する規制スケジュールが決まっている。

いる問題の中では最も早く具体的な対応がなされた点で特筆される。

　ウイーン条約とモントリオール議定書は、日本についてそれぞれ1988年12月、1989年1月に発効している。日本はこの条約の内容を国内において対応、実施するために1988年5月に「特定物質の規制等によるオゾン層の保護に関する法律（オゾン層保護法）」を制定した。この法律により、オゾン層を破壊する物質は「特定物質」として指定され、特定物質を製造しようとする者は原則としてその種類と規制年度ごとの製造数量の許可を要し、輸出用の製造数量について仕向け地を定めて指定され、また輸入をしようとする者は輸入の承認を受けねばならないことが規定されている。また特定物質を業として使用する者は排出の抑制と使用の合理化に努めなければならないとする努力義務が課せられている。

　こうした措置によって製造、輸出、輸入についての管理システムが整っているものの、現在市中で使用されている冷蔵庫、エアコンなどの冷媒として充填されて使われているフロン等が存在する。こうしたフロン等はそれらの機器が廃棄される段階で回収・分解するなどが必要である。特定家庭用機器再商品化法（1998年制定）により2001年4月から家庭用の冷蔵庫・エアコンのフロン類が回収されている。2001年6月にフロン回収破壊法（「特定製品に係るフロン類の回収及び破壊の実施の確保等に関する法律」）が議員立法により制定され、業務用冷凍空調機器（フロン類が使用されている業務用のエアコン、冷蔵・冷凍機

器)について2002年4月から、使用済自動車について2005年1月から、フロン類の回収が実施されるようになった。なお、自動車用エアコンのフロン類の回収について、自動車リサイクル法(「使用済自動車の再資源化に関する法律」、2005年1月施行)の施行に伴い、現在は同法により実施されている。

9-2 地球温暖化対策

　地球の温暖化防止対策に関し、1985年にオーストリア・フィラハに科学者が集まって科学的な評価が行われた。その後、1988年には世界気象機関と国連環境計画が共同で国連の機関としてこの問題を討議する場としての気象変動に関する政府間パネル(IPCC = Intergovernmental Panel on Climate Changeの頭文字による)が設けられ第1回会議がジュネーブで開催された。

　1989年11月にオランダ・ノルドベイクで開かれた関係閣僚会議の宣言(ノルドベイク宣言)は「交渉に参加し又は関与することとなる全ての主体に対して、可能ならば早ければ1991年中に、また、遅くとも1992年の『環境と開発に関する国連会議』において条約が採択されるよう、最大限の努力を払うよう勧奨する」とした。1990年8月に取りまとめられたIPCCによる地球温暖化に関する科学的評価結果をもとに、1991年2月から5回にわたる政府間の条約交渉会議を経て、1992年5月に気候変動枠組条約が採択された。条約は同年6月に開かれた地球サミットにおいて各国に署名のために開放され、サミット期間中に155か国が署名し、その後1994年3月に発効した。

　気候変動枠組条約は「気候系に対して危険な人為的干渉を及ぼすこととならない水準において大気中の温室効果ガスの濃度を安定化させること」を目的とし(条約第2条)、二酸化炭素その他の温室効果ガスを1990年代の末までに1990年の水準に戻すという目的を持って行われること(同第4条)などとしている。

　1995年にベルリンで開催された第1回締約国会議は、1997年に開く第3回締約国会議において、先進国の温室効果ガスの排出量の数値目標を設定すること、先進国がとるべき政策、措置を規定する等の地球温暖化防止のための国際的取

組について定める議定書(または法的文書)を採択することとした。この決定は開催地にちなんで「ベルリンマンデート」と呼ばれた。

1997年12月に気候変動枠組条約の第3回締約国会議が京都市で開催された。会議は先進国間の、及び先進国と開発途上国間の対立等によって困難を極めたが、10日目の予定最終日を過ぎた午後になってようやく「気候変動枠組条約京都議定書」(以下「京都議定書」)が採択された。

京都議定書は温室効果ガスの削減目標を先進国等に対して「2008年から2012年までの約束期間において………温室効果ガスの総排出量を1990年のレベルから少なくとも5%削減するため個別または共同で……数量化された排出抑制及び削減の約束に従い……自国への割り当て量を超過しないことを確保する」(議定書第3条1)とした。具体的な削減について、最終的には先進国等全体で5%

表9-2 地球温暖化防止に関する経緯

年　月	内　　容
1985年10月	フィラハ会議(オーストリア):地球温暖化に関する始めての世界会議。科学者により科学的知見の整理、評価が行われた。
1887年11月	ベラジオ会議(イタリア)。初めての行政レベルの会議
1988年11月	気候変動について政府間で検討するため国連機関としてIPCCが設けられ、第1回会合開催
1989年3月	ハーグ宣言(オランダ):環境首脳会議宣言。法的・制度的措置等の条約の必要性などを宣言
1989年11月	ノルドベイク宣言(オランダ):「大気汚染と気候変動に関する関係閣僚会議宣言」。条約を早ければ1991年中に、遅くとも1992年の地球サミットまでに採択するように努力を促す。
1992年5月	気候変動枠組条約採択(1994年3月発効)
1992年6月	地球サミット。日本を始め155か国が気候変動枠組条約に署名
1997年12月	気候変動枠組条約第3回締約国会議。「気候変動枠組条約京都議定書」を採択
1998年10月	地球温暖化対策の推進に関する法律を制定
2001年11月	気候変動枠組条約第7回締約国会議:「マラケシュ合意」を採択
2002年5月	地球温暖化対策の推進に関する法律を改正
2002年6月	日本が京都議定書を締結
2005年2月	京都議定書発効
2007年12月	気候変動枠組条約第13回締約国会議(インドネシア、バリ島)。2009年までに京都議定書以降について合意を目指すとする「バリロードマップ」を採択

注:「地球環境キーワード事典」を参考に作成

削減(先進国等の全体の削減が達成された場合に5.2%削減)、削減率を国別に差異化して8％削減から10%増加までとすることとした。具体的な削減実施について、EC加盟国及び目標の達成を共同で実施することに合意した国が総量で目標を達成することを認める「共同実施」(議定書第6条)、先進国等が開発途上国において温室効果ガスの排出量を削減するプロジェクトを実施し、その削減効果が認められればその削減量を先進国等の割当量に加算する「クリーン開発メカニズム」(議定書第12条)、先進国間で排出量の取引を認める「排出量取引」(議定書第17条)などの制度を決めた。また先進国等の排出量が割当量を下回った場合にはその分だけ次の期間の割当量に加えることができることを定めた(「バンキング」と呼ばれる。議定書第3条13)。しかし、割当量を達成できない場合に以降の期間から借り入れる「ボローイング」については認めないこととされた。対象ガスは二酸化炭素、メタン、亜酸化窒素、HFC(CHF_3など)、PFC(CF_4など)、SF_6の6種類とした。また「1990年以降の植林、再植林及び森林の減少に限り、直接的かつ人為的な土地利用変化及び林業活動から生ずる温室効果ガスの発生源からの排出及び吸収源による除去の純変化は……約束の達成のために用いられる」(議定書第3条3)として吸収源の取り扱いを定めた。

表9-3 京都議定書の概要

対象ガス	二酸化炭素、メタン、亜酸化窒素、HFC、PFC、SF_6
基 準 年	1990年(HFC、PFC、SF_6については1995年とし得る)
吸 収 源	森林等の吸収源による二酸化炭素吸収量を算入(日本3.9%、EU0.5%、カナダ7.2%等)
目標期間	2008年から2012年の5年間
数値目標	先進国全体で少なくとも5％削減 主要国の目標:日本 −6%、米国 −7%、EU −8%、ロシア ±0、カナダ −6%
京都メカニズム	排出権取引:先進国間での排出枠(割当排出量)のやり取り 共同実施:先進国間の共同プロジェクトで生じた削減量を当事者間でやり取り クリーン開発メカニズム:先進国と途上国の間の共同プロジェクトで生じた削減量を当該先進国が獲得可能

出典:環境省資料(2002年6月7日)により作成
注 :HFC=ハイドロフルオロカーボン(冷媒、発泡剤などに使用)、PFC=パーフロオロアーボン(冷媒、半導体製造工程などに使用)、SF_6=六フッ化硫黄(絶縁ガス、半導体等製造工程などに使用)

日本は1998年に地球温暖化対策の推進に関する法律を制定したが、2002年5月にはこの法律を京都議定書の国内での対応法となるよう改正した後、同年6月に京都議定書を受諾した。京都議定書の発効については、条約締約国が55以上、先進国等の締約国の1990年の二酸化炭素排出量の55％を占める国の批准によって効力を生ずると規定されており（議定書第24条1）、2001年の気候変動枠組条約締約国会議において、京都議定書の運用細目を定めた「マラケシュ合意」が採択され、2005年2月に議定書の発効に必要な先進国等の温室効果ガスの排出量が55％以上に達して発効した。

　京都議定書に基づく日本の基準年排出量は12億3,700万トン（1990年。二酸化炭素換算。ただし、HFC＝CHF$_3$など、PFC＝CF$_4$など、SF$_6$については1995年のデータによっている）である。京都議定書の日本の削減目標である6％削減を達成するために、第一約束機関である2008〜2012年の年平均総排出量を11億6,300万トン（二酸化炭素換算）に削減する必要がある。これに比べて2002年度排出量は13億3,100万トンで、基準年排出量を7.6％上回っている。このような1990年度以降の増加は、温室効果ガス排出量の約9割以上を占めるエネルギー起源の二酸化炭素排出量の増加に起因している。産業部門からの排出量は全体の約4割を占めるものの1990年度に比べてほとんど変化がなく、また、運輸部門（貨物自動車、公共交通機関等）からの排出量も約1割の排出割合をほぼ同レベルで維持しているのに対して、業務部門、一般家庭部門からの排出量が大幅に増加しており、日本全体の温室効果ガス排出量の増加を引き起こしている。（「京都議定書目標達成計画」）

9-3　森林の保全と生物多様性の維持等

　世界の森林の保全については、1992年の「環境と開発に関する国連会議」（UNCED）に向けて先進国の一部により条約を用意することが企図されたが、開発途上国側の反対で実現せず、条約ではなく法的な拘束力のない「すべてのタイプの森林の管理、保全及び持続可能な開発に関する世界的な意見の一致のための法的拘束力のない権威ある原則声明」（森林原則声明）が用意されて、

UNCEDにおいて採択された。声明は、それが森林に関する世界的な合意の初めてのものであり、森林が地域社会や環境にとって価値のあるものであること、森林が経済発展とすべての生命の維持にとって本質的なものであること、森林問題が環境と開発に重要な関わりがあること、林業その他の森林利用が持続可能な森林管理という観点からバランス良く行われるべきことなどを謳っている。

1983年に「1983年国際熱帯木材協定」(1985年発効。現在は「1994年国際熱帯木材協定」となっている) に基づき、1987年に「国際熱帯木材機関 (ITTO)」が設立された。ITTOは1991年6月に、「西暦2000年までに持続可能な経営が行われる森林から生産される木材のみを貿易の対象とする」という「2000年目標」を掲げた。しかし、ITTOは2000年10月にこの目標が達成されていないことを認めて、あらためて「熱帯木材及び熱帯木材製品の輸出を専ら持続可能であるように経営されている供給源からのものについて行うことを達成する『目標2000』に向け努力することを再度宣言する」とした (林野庁資料)。2001年に開催された同協定の理事会では、生産国の森林関係法の施行の支援、危機的な森林エコシステム、特にマングローブの保全促進等を内容とする「横浜行動計画」を採択している。

世界の森林の保全やその減少に対処することについて、2002年8〜9月に開かれたヨハネスブルグサミットでは「持続可能な開発に関するヨハネスブルグ宣言 (ヨハネスブルグ宣言)」が採択されたが、生物多様性の喪失は続いているとの認識のもとに、生物多様性の保全のための取組の必要性を指摘している。

自然環境保全、野生生物の保護等については、国際捕鯨条約を含めて考えるとすれば1946年にまで遡ることができるが、その後に採択され発効している条約としてワシントン条約、ラムサール条約、生物多様性条約等の条約等がある。

国際捕鯨条約は1948年に発効している。1994年の決議により、南極海の商業捕鯨が全面的に禁止されたことにより、それ以前にその他の海域における母船式捕鯨が禁止されていたので、大型の母船を使うなどの商業捕鯨が世界中で禁止されている。

1959年に南極条約が採択され、日本について1960年に発効している。これは「南極地域を平和的目的のみに利用すること及び南極地域における国際間の調和

を継続することを確保する」ことを目的とする条約として、締約国が領土主権を放棄すること、核爆発・放射性廃棄物の処分を禁止すること、生物資源を保護・保存することなどを規定しており、日本、アメリカ合衆国など13か国が加入している。この条約の生物資源の保護・保存に関係して、1972年には「南極アザラシ保存条約」が採択され、南極条約締約国が加入している。クジラについては商業的な捕獲が種の存続を脅かすようになった後に対応策がとられてきたのに対して、この条約のアザラシの例は商業的な捕獲による資源の減少、種の存続の危機が起こる前の段階で対応した条約とされている。(「地球環境条約集第4版」)

その他に、ラムサール条約(「特に水鳥の生息地として国際的に重要な湿地に関する条約」、1975年発効)、ワシントン条約(「絶滅のおそれのある野生動植物の種の国際取引に関する条約」、1975年発効)、生物多様性条約(1993年発効)、砂漠化対処条約(「深刻な干ばつ又は砂漠化に直面する国、特にアフリカの国において砂漠化に対処するための国際連合条約」、1996年発効)、及び日米渡り鳥条約(「渡り鳥及絶滅のおそれのある鳥類並びにその環境の保護に関する日本国政府とアメリカ国政府との間の条約」、1974年発効)等の条約が、地球の自然、生態系の保全に役割を果たしている。

自然保護全般に関しては、1972年の国連人間環境会議における「人間環境宣言」が、

「原則2 大気、水、大地、動植物および特に自然の生態系の代表的なものを含む地球上の天然資源は、現在および将来の世代のために、注意深い計画と管理により適切に保護されなければならない。」

「原則4 祖先から受け継いできた野生生物とその生息地は、今日種々の有害な要因により重大な危機にさらされており、人はこれを保護し、賢明に管理する特別な責任を負う。野生生物を含む自然の保護は、経済開発の計画立案において重視しなければならない。」

といい、また、1992年の地球環境サミットにおける「環境と開発に関するリオ宣言」が、

「第7原則 各国は、地球の生態系の健全性及び完全性を、保全、保護及び

表9-4 地球生態系等に関係する主な国際条約等

年	条約等	発効年等
1946年	国際捕鯨条約	1948年発効
1959年	南極条約	1961年発効
1971年	ラムサール条約	1975年発効
1973年	ワシントン条約	1975年発効
1983年	国際熱帯木材協定	1985年発効（暫定）
1992年	森林原則声明	1992年（地球サミット開催時）
1993年	生物多様性条約	1993年
1994年	砂漠化対処条約	1996年発効

注1：「地球環境条約集第4版」により作成。
　2：ラムサール条約：「特に水鳥の生息地として国際的に重要な湿地に関する条約」
　　　ワシントン条約：「絶滅のおそれのある野生動植物の種の国際取引に関する条約」
　　　森林原則声明：「全てのタイプの森林の管理、保全及び持続可能な開発に関する世界的な意見の一致のための法的拘束力のない権威ある原則声明」
　　　砂漠化対処条約：「深刻な干ばつ又は砂漠化に直面する国（特にアフリカの国）において砂漠化に対処するための国際連合条約」
　　　国際熱帯木材協定：現在は「1994 国際熱帯木材協定」（1997年発効）となっている。

修復するグローバルパートナーシップの精神に則り、協力しなければならない。……」
としている例がある。

2002年8～9月に開かれたヨハネスブルグサミットでは「持続可能な開発に関するヨハネスブルグ宣言」が採択されたが、その中では、「……生物多様性の喪失は続き、漁業資源は悪化し続け、砂漠化は益々肥沃な土地を奪い、地球温暖化の悪影響は既に明らかであり……」との認識のもとに、「……清浄な水、衛生、適切な住居、エネルギー、保健医療、食糧安全保障及び生物多様性の保全といった基本的な要件へのアクセスを急速に増加させることを決意する。……」としている。

こうした包括的・国際的な自然環境保全に対する言及から知られるのは、既に自然保護の問題が個別の地域や国でそれぞれに考えられるだけでなく、地球規模で自然環境を心配しなければならない事態に至っていることである。地球規模で考える場合の自然とその問題は、「環境と開発に関するリオ宣言」などから知られるように、地球環境問題とほぼ同じ意味を持つ。地球の自然が危うくなることは、地球環境が危うくなることと同じ意味を持つのである。

9-4 持続可能な開発

1972年に国連人間環境会議が開催され、「人間環境宣言」が採択された。宣言は、環境を変革する人間の力を誤って不注意に用いれば人間と人間環境に計り知れない害を及ぼすこと、人口増加に対して適切な政策、措置が必要であることを指摘し、また環境の価値について「現在及び将来の世代のために人間環境を守りかつ改善することは、人類にとっての至上の目標、すなわち平和、及び世界的な経済的、社会的発展という確立したかつ基本的な目標とともに、またこれらの目標との調和を保って追及されるべき目標となった」とした。ここで注目しなければならないことは、環境の価値を人類の平和、経済・社会的な発展と並ぶ目標として認めたことである。しかし、この人間環境会議では、環境問題を開発に伴う汚染や自然破壊に着目して考えようとする先進国と、人種差別・隔離、低開発、貧困、居住等に着目する開発途上国との間に対立がみられ、採択された人間環境宣言の26項目の原則のいくつかの項目において、双方の考え方がそれぞれ反映されたことが知られるものがある。なお、この会議の後に国連の機関の設置が決められて現在の「国連環境計画」(UNEP、本部ケニア、ナイロビ) になっている。

人間環境会議の10周年を記念して1982年に、UNEP管理理事会特別会合が開催された。この会議には国家元首、環境大臣等も多く参加して開催され「ナイロビ宣言」が採択された。宣言は10年前の1972年の人間環境宣言等について触れ、「(人間環境宣言及び行動計画は) 主として環境保全の長期的な価値についての洞察と理解が不十分であった……環境保全の方法と努力に関する調整が適切でなかった……国際社会全体に対し十分な効果をもたらさなかった。いくつかの無統制または無計画な人間の行為は、ますます環境悪化を引き起こしている」(「ナイロビ宣言」)とし、その前文では「全世界的、地域的及び国内的な努力を一層強化する緊急の必要性がある」とした。また宣言は今日地球環境問題とされている森林の減少、砂漠化、オゾン層の変化、二酸化炭素濃度の上昇、酸性雨、海洋の汚染、動植物の種の絶滅などが問題項目として挙げられている。

この頃の状況について日本の環境白書は「先進国と開発途上国の間でなされていた環境と開発をめぐる議論についての共通の土俵が形づくられ始めた」としている。(「平成5年版環境白書総説」)

ナイロビ会議において「環境と開発に関する世界委員会」が設けられることが決まり、委員会は1984年から87年にかけての活動の結果をもとに「我ら共有の未来」(Our Common Future) をまとめた。報告は「持続可能な開発」という概念を提示した。「持続的な開発とは、将来の世代の欲求を満たしつつ、現在の世代の欲求も満足させるような開発をいう……一つは、何にも増して優先されるべき世界の貧しい人々にとって不可欠な『必要物』の概念であり、もう一つは、技術・社会的組織のあり方によって規定される、現在及び将来の世代の欲求を満たせるだけの環境の能力の限界についての概念である」としている(「われら共有の未来」)。この概念はやがてその後に地球環境保全の基本的な考え方として世界に受け入れられて今日に至っている。

1989年の国連総会の決議によって、人間環境会議の20年後の1992年に「開発と環境に関する国連会議」(地球環境サミット、UNCED) がブラジル、リオデジャネイロで開かれることが決定され、1992年6月に地球サミットが開催された。地球サミットにおいては、21世紀の地球に生きる人類の行動原則として「環境と開発に関するリオ宣言」(以下「リオ宣言」)、同宣言の内容を具体的に実行するための行動計画である「アジェンダ21」、森林の保全の重要性等を謳った「森林原則声明」が採択された。また、地球の温暖化への対応のための「気候変動枠組条約」、生物の多様性の保全の重要性に着目した「生物の多様性に関する条約」が地球サミットの開催時に用意され、期間中に前者について155か国が、後者について157か国が署名した。(「平成5年版環境白書総説」)

「リオ宣言」は「地球的規模のパートナーシップを構築するという目標をもち、……地球的規模の環境と開発のシステムの一体性を保持する国際的な合意に向けて作業し、我々の家庭である地球の不可分性、相互依存性を認識し……」(同宣言前文)て、27項目の原則を宣言した。宣言においては「持続可能な開発」はその基調となる考え方として貫かれ、第四原則では持続可能な開発を達成するために環境保護と開発は不可分であること、第五原則では持続可能な開発の

ために貧困の撲滅に協力しなければならないこと、第八原則では生産・消費及び人口について「持続可能でない生産及び消費の様式を減らし、取り除き、そして適切な人口政策を推進するべきである」とした。

　2002年8〜9月のヨハネスブルグサミットで採択された宣言は、その冒頭で「我々、世界の諸国民の代表は……持続可能な開発への公約を再確認する」、「30年前に……ストックホルムにおいて環境悪化の問題に緊急に対処する必要性について合意……10年前に……リオ宣言に基づき、環境保全と社会・経済開発が、持続可能な開発の基本であることに合意し……アジェンダ21とリオ宣言という地球規模の計画を採択した……この計画への公約を再確認する。リオ会議は、持続可能な開発のための新しいアジェンダを決定した重要な画期的できごとであった」とした。そして次の世代に貧困、環境破壊、持続可能でない開発などのない世界を引き継ぐことの必要性を指摘し、人類が分岐点に立っているとの認識を示し、「……持続可能な開発の支柱、即ち経済開発、社会開発及び環境保護を、地方、国、地域及び世界的なレベルでさらに推進し、強化する責任を負うものである」としている。（外務省訳による）

　ヨハネスブルグ宣言は「人類は分岐点にある」との認識を示したのであるが、21世紀は人類社会の在り方と地球環境との関わりにおける極めて重要な時期、いわば臨界点とでもいえるような時期、人口と文明のあり方が問われる時期にあるものと考える。

第10章
環境影響評価

10-1 環境影響評価の概念

　日本において環境影響評価という概念は1970年代頃までには社会的に受け入れられるようになった。英語のEnvironmental Impact Assessmentから「環境アセスメント」と呼ばれることがある。日本では、環境の汚染によるいわゆる「公害病」の経験、高度経済成長下での重化学工業化による自然環境破壊などの経験から、1960年代後半に当時の通産相、厚生省による大規模開発における事前調査が実施されるようになった。これらは住民への公開手続などがなされなかったので環境影響評価手続がなされたとはいい難いが、公害の予測と対策を事前に行おうとしたことにおいて、行政レベルにおいて環境影響評価が試みられたものであった。1969年にアメリカが「国家環境政策法」を制定し、その中で連邦政府の開発や立法措置において予め環境影響を検討する制度が取り入れられた。これは環境に影響を与える法案の提出、主要な連邦政府による行為を対象とし、簡単な環境評価書を作成して、環境に著しい影響を与えると判断された場合には詳細な環境影響評価を行う制度である（「環境アセスメント」）。

　日本では、1972年に閣議了解によって「各種公共事業に係る環境保全対策について」を決定して、国や政府関係機関等による道路、港湾、公有水面埋立等の公共事業を実施しようとする場合に、公害の発生、自然環境の破壊等につい

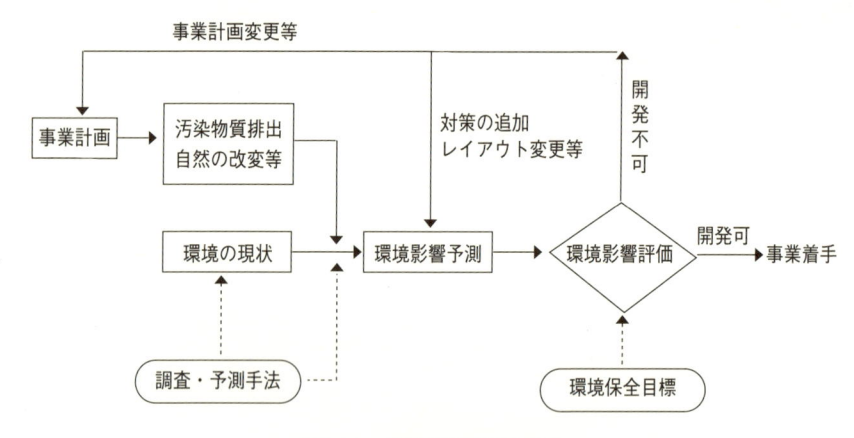

図10-1 環境影響評価の概念

て、あらかじめ影響防止策、代替案の比較検討等を行って措置をとる等の指導を行うとした。川崎市は1976年に市の条例において環境影響評価を実施する制度を設けて、その後地方自治体が条例や要綱によって開発事業者に環境影響評価を義務付ける先駆的な事例となった。

日本では現在は1997年に制定された環境影響評価法と都道府県等の環境影響評価に関する条例によって環境影響評価が開発事業において実施されている。OECD加盟国などの先進国においてはすべての国で取り入れられ、また開発途上国においても取り入れられるようになっている制度である。日本の環境影響評価法は法制定の目的を「……規模が大きく環境影響の程度が著しいものとなるおそれがある事業について環境影響評価が適切かつ円滑に行われるための手続その他の所要の事項を定め、その手続等によって行われた環境影響評価の結果をその事業に係る環境の保全のための措置その他のその事業の内容に関する決定に反映させる……」(環境影響評価法第1条)としている。

10-2 日本における環境影響評価制度の形成

日本の環境影響評価制度は国の環境影響評価法と都道府県・政令指定都市等の条例による制度によって実施されている。現在の日本の制度を確立するまで

に1960年代後半頃から約40年を経て今日に至っている。

1960年代後半頃から通産相(当時)による「産業公害総合事前調査」、厚生省(当時)による「開発整備地域等調査」が行われた。前者は工業地域・工業開発予定地域における工業群からの予想される公害の未然防止のために全国の延べ57地域について、後者は新産業都市計画・工業整備特別地域(いずれも高度経済成長期において立法措置のもとに拠点開発地域として指定された地域)等における大気汚染防止措置を中心とする事前予防を目的として全国の延べ53地域について、実施された(「昭和46年版公害白書」)。これらは開発の行われる前に主として公害を予測して必要な対策を講じようとした点において、今日の環境影響評価の基本となる考え方をとっているといえるものである。しかし、実質的には国と地方自治体による行政内部において実施されたもので、情報の公開、住民意見の反映などはなされなかったし、主として環境の汚染に着目して予測と対応策の検討・導入がなされたもので、自然環境保全については着目されてはいなかった。

また、1967年には公害対策基本法が制定され、それは公害の防止に関する施策の基本となる事項を定めるとして、公害の規制、被害の救済、公害紛争の処理、公害防止事業費の事業者による費用負担、さらには必要な土地利用規制などを規定したが、環境影響評価に関する規定はなされなかった。

1972年に国は閣議了解によって「各種公共事業に係る環境保全対策について」を決定した。この中で「各種公共事業の実施に伴う環境保全上の問題を惹起することがないよう、今後各種公共事業の実施に際して……計画の立案、工事の実施等に際し、当該公共事業の実施により公害の発生、自然環境の破壊等環境保全上重大な支障をもたらすことのないよう今後いっそう留意する……あらかじめ、必要に応じ、その環境に及ぼす影響の内容及び程度、環境破壊の防止策、代替案の比較検討等を含む調査研究を行なわしめ、その結果を徴し、所要の措置をとらしめる等の指導を行うものとする」(閣議了解「各種公共事業に係る環境保全対策について」昭和47年6月6日)とした。これにみられるように、公害の防止だけでなく、自然環境の保護を含む環境の保全の配慮、また、代替案の比較検討という考え方も言及された。また、1973年には瀬戸内海環境保全臨

時措置法（1978年に特別法に改正）が制定され、施設の設置許可申請時に環境影響評価に関する書面を付すことが義務づけられ、港湾法、公有水面埋立法を改正し、港湾計画の策定、公有水面埋立において、環境影響評価が行われるようになった。

環境庁（当時）が、1976年に青森県に「むつ小川原総合開発計画第2次基本計画に係る環境影響評価実施についての指針」を、1977年に本州四国連絡橋公団（当時）に「児島・坂出ルート本州四国連絡橋事業の実施に係る環境影響評価基本指針」を相次いで提示し、青森県、本州四国連絡橋公団により本格的な環境影響評価が実施されて「報告書案」（現在の環境影響評価法による「準備書」に相当）が取りまとめられ、また、地元自治体や関係住民への説明がなされて意見の聴取がなされるなど、今日の制度に近い手続きがなされた。根拠としては行政指導によるものであるが、国の主導による具体的な環境影響評価が大規模な公共事業を対象になされたのである。

こうした行政指導に基づく環境影響評価は、その後、1977年7月に通産相（当時）による「発電所の立地に関する環境影響調査及び環境審査の強化について（省議決定）」、1978年7月に建設省（当時）による「建設省所管事業に係る環境影響評価に関する当面の措置方針について（事務次官通達）」、1979年1月に運輸省（当時）による「整備五新幹線に関する環境影響評価の実施について（運輸大臣通達）」などによって、中央官庁の主導により実施されるようになった。

行政指導による環境影響評価は、いわば事業者側の自主的な取組を促して実施されたのであるが、事業者が社会に環境保全上の責任を果たす重要な役割の一部であり、しかもそれが開発の事前に行われて、事業が容認されて開発が行われれば環境影響評価の手続において約束された内容は実現されねばならないものであり、行政指導による制度ではなく、法制度を根拠として実施されることが望ましいものである。こうした考え方から1981年には政府案として環境影響評価法案が国会に提出されたが、産業界からの強い反対があり（例えば、経団連によるコメント「環境アセスメント法案には反対である」1983年4月）、国会審議は進まない状態が続き、1983年の国会解散とともに廃案となった。このた

め、環境庁（当時）は改めて1984年に「環境影響評価の実施について」を閣議決定することによって、1997年の環境影響評価法の成立までの間、行政指導による環境影響評価を継続した。

　地方自治体では川崎市が「川崎市環境影響評価に関する条例」を制定するなどを契機として、都道府県による環境影響評価制度が拡充されていった。1997年の国による環境影響評価法の制定の頃までには、5都道県と1政令指定都市が条例によって、36府県と8政令指定都市が要綱によって、それぞれ地域における制度として環境影響評価を実施するようになっていた。これらの地方の制度は、国による環境影響評価制度が、国や国が関与する事業を対象としており、そうした対象事業以外の純民間事業のレジャー開発などのような事業は大規模であっても国の対象事業にならないことから、また、国の対象事業が一定規模以上の開発を対象としているのに対して、地方が国の対象規模未満の事業に環境影響評価を行う必要があると考えたことなどから、取り入れられるようになったものである。

　1993年に制定された環境基本法は、国の施策の策定に当たっての環境配慮の必要性、環境影響評価の推進措置の必要性（同法第19、20条）を指摘した。また国における環境影響評価が法律に根拠を持たない要綱によって実施されていたことについては、「OECD加盟国27ヵ国中、日本を除く26ヵ国の全てが、環境影響評価の一般的な手続きを規定する何らかの法制度を有するに至っている。その他の国においても……環境庁の調査によれば、全世界で50ヵ国以上が関連法制を備えていることが確認されている……我が国としても対応を求められている」（「環境影響評価制度総合研究会報告書」平成8年6月3日）ような状況であった。こうした状況の下で環境影響評価法案が1997年6月に可決、成立した。なお、この法律の制定後に、行政指導による「要綱」によって事業者に環境影響評価を求めていた府県、政令指定都市においても条例による制度に移行し、2000年12月までにすべての都道府県が法制定を踏まえた条例を制定し（「平成14年版環境白書」）、ほとんどの政令指定都市においても法制定を踏まえた条例による制度に移行している（2007年3月「平成19年版環境循環型社会白書」）。

表10-1 環境影響評価制度に関係する事項の経緯

時　　期	内　　容
1950～1960年代	水俣病、イタイイタイ病、四日市喘息の発生
1964	東駿河湾石油化学工業開発計画に住民による反対運動、地元市町議会が誘致反対決議
1960年代後半	通産相（当時）による「産業公害総合事前調査」
	厚生省（当時）による「開発整備地域等調査」
1967	公害対策基本法が制定された。環境影響評価について規定しなかった。
1969	アメリカ「国家環境政策法」が連邦政府による開発、立法に環境影響評価を規定
1972	閣議了解「各種公共事業に係る環境保全対策について」
1973	瀬戸内海環境保全臨時措置法、港湾法、公有水面埋立法に基づく環境影響評価の実施
1974	OECD 理事会が加盟各国に「重要な公共及び民間事業の環境への影響の分析」を勧告
1976	環境庁（当時）が「むつ小川原総合開発計画第2次基本計画に係る環境影響評価実施についての指針」を青森県に提示。青森県による環境影響評価手続がとられた。
1976	川崎市「川崎市環境影響評価に関する条例」制定
1977	環境庁（当時）が「児島・坂出ルート本州四国連絡橋事業の実施に係る環境影響評価基本指針」を本州四国連絡橋公団に提示。環境影響評価手続がとられた後に工事着手された。
1977～78	発電所（通産省）、建設省所管事業（建設省）、整備五新幹線（運輸省）についての環境影響評価実施指針等
1981	環境影響評価法案が国会に提案された。（→1983年衆議院解散により廃案）
1984	「環境影響評価の実施について」閣議決定。「環境影響評価実施要綱」による環境影響評価実施。
1993	環境基本法制定。環境影響評価について規定
1997	環境影響評価法制定
1997～2002	都道府県が環境影響評価法制定を踏まえた環境影響評価に関する条例を制定

10－3　環境影響評価法による制度の概要

(1) 法制度の基本的な仕組み

環境影響評価法の制度の特徴は以下のとおり指摘される。

第一は、事業者に環境影響評価を求める点である。開発を実施する事業主体

が自ら開発による環境の汚染、自然環境への影響等を予測、評価し、報告書を作成して、関係者の意見を聴取し、最終的には許認可権限を有する省庁等に提出して許認可を得る仕組みをとっている。この仕組みは日本では環境影響評価法においても、また、地方の条例等による仕組みにおいてもほぼ同様にとられている。

　第二は、事業の種類について国が関与するものに限定している点である。①法律に基づいて免許、特許、許可、認可、承認、届出が必要とされる事業、②国の補助金の公布の対象となる事業、③特別法により設立された法人が業務として行う事業、④国が行う事業、⑤国が行う事業で免許、特許、許可、認可、承認、届出が必要とされる事業、としている。

　第三は、事業の実施に係る環境影響評価を行う点である。実際の道路建設、鉄道建設、市街地開発、埋立等の実施を行おうとする事業者に、行おうとする事業の具体的なありようについて環境影響評価の実施を求めている。なお、例外として港湾計画については、具体的な事業の実施計画ではなく、構想として10年後ほどの将来を見通して計画されるものについて環境影響評価を実施することを規定している（環境影響評価法第47、48条）。

　第四には、免許等に当たって環境影響評価の実施結果を反映させることに関する規定である。環境影響評価が実施された事業について免許等を行う省庁等は、免許等に当たって環境の保全についての適正な配慮がなされているかどうかを審査し、必要な条件を付し、あるいは免許等をしないこととすることを規定している。また免許等を行う省庁等は環境影響評価が実施された事業について、届け出等を受けた場合に環境保全上の配慮について勧告、命令し、あるいは補助金の交付の申請を受けた場合に補助金の交付に当たって環境保全上の配慮が適正であるかを審査することを規定している。

　これらの事項の他に、環境影響評価法は環境影響評価の手続きの流れ、環境影響評価実施対象事業の種類と規模等、環境影響評価の評価項目と評価、住民の関与等、地方の役割等について規定している。

(2) 環境影響評価実施手続き

環境影響評価法による手続きは、主に次の5段階を経て行われる。

① 対象事業に該当するかどうかの判断、及び対象事業規模未満であるが一定規模以上の事業について環境影響評価を求めるかどうかを決める手続き（「スクリーニング」と呼ばれる。）
② 環境影響評価の方法を決める手続き（「スコーピング」と呼ばれる。）
③ 事業者による環境影響評価の実施
④ 環境影響準備書の作成→意見聴取→評価書の作成→評価書の補正→許認可等の審査
⑤ 許認可等取得→事業着手

①の事業の判断は、環境影響評価法で定める第一種事業の種類、規模であれば、環境影響評価を実施することとなり、第一種事業の規模未満で4分の3の規模以上（「第二種事業」と呼ばれる）であれば都道府県知事の意見を聞いたうえで、環境影響評価の要否が決められる。第二種事業の事業者はこの要否の決定以前には事業に着手できないのだが、要否の判定の前に環境影響評価の手続きに入ることは可能とされている。

②のスコーピングは、事業の具体的な内容と着目する環境影響の項目を明らかにするためにとられる手続きである。環境影響評価の項目は環境の汚染等、動物・植物・生態系等、景観等、廃棄物や温室効果ガス等の多岐にわたるために、評価の項目が事業や開発される地域等に応じて選択されることとなった。またこのスコーピングの手続きにより事業計画全体の進行の早い段階で関係者や関心を持つ人々から情報を得ることによって、事業計画に対する環境配慮を行き届いたものとするためにも有効に作用すると考えられる。

次いで事業者によって③の環境影響評価のための調査、評価等が実施される。事業者は開発事業等を実施する地域の環境の現況等、また事業が完成した後に事業が環境に与える影響等を調査し、環境影響を避け、または最小限に止めるための対策を検討して開発計画を具体化し、報告書に取りまとめる。

事業者は調査結果を「環境影響評価準備書」として取りまとめて④の手続き

第10章 環境影響評価　121

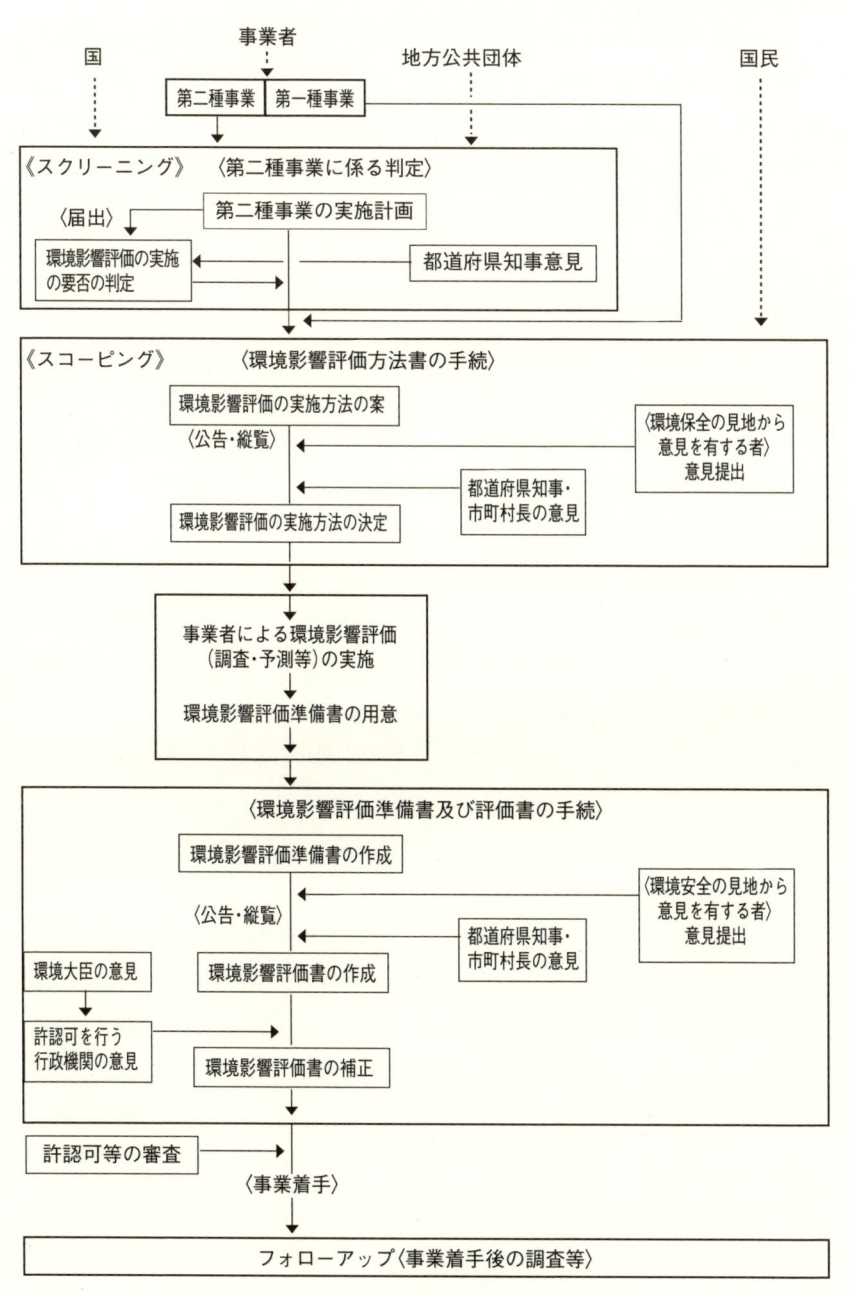

図10-2　環境影響評価の手続

に入る。準備書を公開、縦覧して「環境保全の見地から意見を有する者」及び都道府県知事、市町村長から意見を得て、準備書に必要な修正を加えて「環境影響評価書」を作成し監督官庁等の意見を得て、さらに必要な補正を加えて許認可等を求める⑤の手続きを行う。なお、発電所、都市計画に定められる対象事業、港湾計画については別に手続きの流れが定められている。

(3) 環境影響評価の実施者と時期

　環境影響評価法は、環境影響評価を事業者が行うことを規定した。「……事業者がその事業の実施に当たりあらかじめ環境影響評価を行うことが環境の保全上極めて重要……規模が大きく環境影響の程度が著しいものとなるおそれがある事業について環境影響評価が適切かつ円滑に行われるための手続きその他所要の事項を定め……」(法第1条) るとしている。事業者が実施するとしたことについては、事業を行おうとする者が自らの責任と負担で評価等を行い、環境に配慮するようにすることが適当であること、事業者が事業計画の作成段階で評価等を行いつつ環境配慮を計画に反映できること、が指摘されている (「逐条解説環境影響評価法」)。これに対して、国や地方公共団体が実施することで公正な調査、予測、評価等ができるはずである、との考え方も可能である。事業者ではなく国などの公的な機関が環境影響評価を実施するとする制度については、アメリカが「国家環境政策法」により環境影響評価の実施を連邦政府機関によっている例がある。

　なお、都市計画に定められる事業については都市計画の決定または変更をする都道府県知事、市町村等が事業者に代わって環境影響評価を実施する特例が設けられている (法第39～46条)。また、環境影響評価法は環境影響評価の開始時期については「事業の実施に当たりあらかじめ」としているが具体的には触れていない。実質的に関係者が知り得るのは「方法書」の手続きが公告、縦覧された時点である。一般的には「本法が想定する程度の詳細さで調査、予測、評価を行うためには、調査、予測、評価を行う際に、ある程度、事業の諸元が具体的に想定されることが必要……事業者としてある程度具体的な事業計画を想定できる時期であって、その変更が可能な時期に開始されるよう……期待され

ている……」ような時期が想定されている。なお、環境影響評価法は港湾計画の環境影響評価について、「……港湾計画に定められる港湾の開発、利用及び保全並びに港湾に隣接する地域の保全について環境の構成要素に係る項目ごとに調査、予測を行う……」(法第47条)、及びその他の条項によって、港湾開発等に伴う環境影響評価手続きを別に規定しているが、「港湾計画特例は他の環境影響評価法の対象事業とは異なる埋立等の個別事業の上位に位置する計画についての環境影響評価であり、いわゆる『計画アセスメント』『戦略的環境アセスメント』的側面をもつもの」とされている。(「逐条解説環境影響評価法」)

(4) 環境影響評価と許認可等との関係

環境影響評価書を作成した事業者は許認可等を行う者に評価書を送付し(法第22条)、この評価書の送付を受けた者は必要があれば事業者に対して環境保全の見地からの意見を書面により述べること、その際に環境大臣の意見が出されていればこれを勘案するべきこと、とされている(法第24条)。この意見を受けた事業者は、評価書を修正することができ、修正する内容が軽微であれば評価書の補正で足りるが、重要な変更であれば修正部分について事業の環境影響評価を行うか、あるいは事業全体についての環境影響評価等の手続きを行う必要が生じる。なお、ここでの許認可等を行う者の意見は「行政指導」の範疇に属するものと位置づけられている。(「逐条解説環境影響評価法」)

ここまでの手続きを経た評価書について、事業者は「評価書を作成した旨その他総理府令で定める事項を公告し、関係地域内において……縦覧に供しなければならない」(法第27条)と規定され、この公告を行うまでは事業を実施することが制限されている(法第31条)。実際の許認可と環境の保全については、「免許等を行う者は、当該免許等の審査に際し、評価書の記載事項及び第24条の書面に基づいて……環境の保全についての適正な配慮がなされるものであるかどうかを審査しなければならない」こと、免許等に係る審査と環境の保全に関する審査を併せて行って免許等を拒否し、あるいは必要な条件を付して免許等を行うことができること等を規定している。(法第33条)

10 – 4 環境影響評価実施対象事業と評価項目・評価

環境影響評価制度によって、どのような事業について環境影響評価を行う必要があるのかであるが、環境影響評価法は「規模が大きく、環境影響の程度が著しいものとなるおそれのあるものとして政令で定められる事業（「第一種事業」）としている。以下のような事業が対象である。

ア 免許、特許、許可、認可もしくは届出を要する事業
イ 国の補助金等の交付の対象となる事業
ウ 特別の法律により設立された法人が行う事業
エ 国が行う事業
オ 国が行う事業のうち免許、特許、許可、認可もしくは承認又は届出を要する事業

法律による対象事業として、一定規模以上の道路の建設、ダム・堰等の建設、その他の事業が定められている。ア～オに該当しない事業は環境影響評価法による環境影響評価を実施する義務を課せられないこととなる。実際にはア～オに該当しない事業であっても、大規模で環境影響が第一種事業にも匹敵するような事業が考えられるが、それらの環境影響評価については現実には後述するように地方自治体による制度に委ねられている。

また第一種事業に準ずる規模を有するもののうち、環境影響の程度が著しいものとなるおそれがあるかどうかの判定を行うべき事業（「第二種事業」）については、その判定を経て必要とされた場合に環境影響評価を行うことが必要で、第一種事業の規模の1.0未満、0.75以上の規模のものとされている。（法施行令第5条）

環境影響評価の実施にあたってのもう1つの重要な点は保全しようとする環境の要素と予測結果の評価である。環境影響評価法は、大気・水・土壌などの環境の自然的構成要素、動物・植物・生態系などの生物・自然環境保全に関係す

表10-2 環境影響評価法による環境影響評価実施対象事業

対象事業	第一種事業	第二種事業
イ 道　　路	高速自動車国道：全 首都高速道路等：4車線以上全 一般国道　　　：4車線10km以上 大規模林道　　：2車線20km以上	一般国道：4車線・7.5km以上10km未満 大規模林道：15km以上20km未満
ロ ダム、堰等	ダム、堰：湛水面積、100ha以上 放水路等：改変面積、100ha以上	ダム、堰：75ha以上100ha未満 放水路等：改変面積、75ha以上100ha未満
ハ 鉄　　道	新幹線鉄道：全 普通鉄道等：10km以上	普通鉄道等：7.5km以上10km未満
ニ 飛 行 場	滑走路：2500m以上	滑走路：1875m以上2500m未満
ホ 発 電 所	水力発電：3万kw以上 火力発電所(地熱以外)：15万kw以上 火力発電所(地　熱)：1万kw以上 原子力発電所：全	水力発電：2.25万kw以上3万kw未満 火力発電所(地熱以外)：11.25万kw以上15万kw未満 火力発電所(地　熱)：7500kw以上1万kw未満
ヘ 廃棄物最終処分場	30ha以上	25ha以上30ha未満
ト 公有水面の埋立及び干拓	50ha超	40ha以上50ha以下
チ 土地区画整理事業	100ha以上	75ha以上100ha未満
リ 新住宅市街地開発事業		
ヌ 工業団地造成事業		
ル 新都市基盤整備事業		
ヲ 流通業務団地造成事業		
ワ 宅地造成事業（工業団地を含む）		

注：環境影響評価法施行令により作成。

る要素、人と自然との触れ合いに関係する自然景観、廃棄物や温室効果ガス等の環境への負荷に関する要素を検討するべきものとしている。

　予測結果の評価については、予測項目などにより主に2つの考え方で判断がなされる。第一には有害な環境汚染物質、あるいは現状のまま保護されるべき自然環境などについてであるが、守られるべき絶対値のような水準があり、それにより判断する場合である。第二は絶対的な保全水準がない場合である。例えば、開発による景観への影響、特別な保護地域や希少種などの存在しない一般的な地域における自然環境への影響、温室効果ガス・廃棄物の発生、多様な汚

表10-3 環境影響評価項目となる環境要素

自然的環境要素	大気環境　　　　：大気質、騒音、振動、悪臭その他 水　環　境　　　：水質、底質、地下水、その他 土壌環境・その他：地形・地質、地盤、土壌、その他
自然環境と生態系	植物、動物、生態系
人と自然との触合い	景観等
環境への負荷	廃棄物、温室効果ガス等

染源の存在するような地域・水域における汚染負荷増などのような場合である。このような事例では開発等が可能な限り影響や負荷の低減策を講じているかどうか、環境影響評価手続において関係者が容認できるとして了解することとなるかどうか、などに判断が委ねられる。

10-5 地方制度の役割

環境影響評価における地方の役割についてであるが、環境影響評価法はその中で、都道府県、市町村の首長に開発行為の行われる地元の責任ある立場にある者として意見を提出することができる機会を設けており、その意味において役割を果たすように位置付けている。また、それとは別に都道府県、政令指定都市の環境影響評価制度が一定の役割を果たしてきた。

環境影響評価法の制定（1997年）以前においては、国の1984年の「環境影響評価実施要綱」などによる環境影響評価対象事業以外の事業について、地方が独自の考え方によって開発事業に対して環境影響評価を求めてきた。その段階では地方制度においては条例によらないで「要綱」により環境影響評価の実施を求める例が多かったが、1997年の環境影響評価法の制定後は、すべての都道府県、及びほぼすべての政令指定都市が条例（2007年3月）による制度としている。

環境影響評価法は「条例との関係」について地方公共団体が次のような事項を条例で規定することができること（法第60条）、この規定は「この法律と条例との関係を入念的に規定するものであり、憲法や地方自治法において規定され

ている法と条例の関係を変更する趣旨のものではない」(「逐条解説環境影響評価法」) としている。

一　第二種事業及び対象事業以外の事業に係る環境影響評価その他の手続きに関する事項
二　第二種事業または対象事業に係る環境影響評価についての当該地方公共団体における手続きに関する事項（この法律の規定に反しないものに限る）

　この第一号に規定されているのは、事業の種類として法の対象とされていない事業、例えば国の許認可、補助、監督等に関与しない純民間事業、事業の種類としては法の対象となるが規模が第二種事業の規模あるいはそれ以下である事業についてである。それらの事業を対象とした環境影響評価制度を地方自治体が条例で実施することが可能としているのである。第二号に規定されているのは、法の対象事業についての環境影響評価の手続きにおいて、都道府県、市町村長が自らの意見等を形成するための手続きとして専門家の意見を聴取するなどを条例によって制度化できるとしたものである。この規定を基礎として、地方自治体における環境影響評価は、法の対象外事業に、また、法による第二種事業でスクリーニング段階において環境影響評価が行われないとされた事業に、環境影響評価を義務付けている事例がある。特に、法対象事業は国が許認可等の関与を持つ事業に限定しているのに対して、地方自治体の制度はそれ以外の事業を、地域の考え方により幅広く対象事業とすることができる点に特長がある。しかし、対象事業の種類、規模は地方自治体の考え方によって様々であって、大きなばらつきがあることも事実である。

10-6　環境影響評価制度の課題

　日本の環境影響評価制度は1997年の環境影響評価法制定によって、法制度として歩み始めたといえる。しかし、環境影響評価という仕組が社会的に負っている責任の観点から見ると、制度上の課題を数多く抱えていることが指摘でき

る。ここでは基本的で代表的な問題点と考えられる3点を指摘する。

　第一には、この制度が「手続き」に徹していて、環境影響評価法はそのものとしては事業の許認可、その他の権限を持たないこと、事業そのものに係る別の制度に強制権限を委ねることとされていることである。環境保全上の配慮は、別制度の許認可、その他の権限において配慮されねばならないとの仕組をとっており、間接的に環境影響評価結果を遵守するように求めるものである。何らかの不都合が生じた場合において、環境影響評価法の側から強制力を行使できる仕組はとられていない。環境影響評価手続きにおいて約束された開発事業の実施における環境配慮が、事業者側において果たされないような事態は現時点では頻出してはいないが、将来の制度上の検討課題といえる。

　第二には、政策、計画策定時において環境影響について配慮する戦略的環境影響評価（英語ではSEA＝Strategic Environmental Assessment。「計画アセスメント」とも呼ばれる）についてである。環境影響評価法や地方自治体の条例による制度では事業計画の具体的な実施について調査・予測・評価が行われる。少なくとも開発事業そのものの場所を変更するような代替案は一般的には考えられない。代替案は同じ開発区域の中で検討するに止まる。開発区域そのものについての代替、計画そのものの妥当性を検討できるような仕組ではない。こうした意味において種々の政策・開発等の計画段階での環境影響評価の必要性が認識されるようになってきている。日本の現在の環境影響評価法では港湾計画についての環境影響評価制度がその考え方に適うものとされている。今後、SEAの考え方をどのように取り入れていくかが課題であるが、特に公的な開発や立法措置においてはその考え方を実現し易いと考えられ、導入への検討が進められる必要がある。

　第三には、日本では環境影響評価制度は1972年の閣議了解「各種公共事業に係る環境保全対策について」において、その考え方が行政レベルで歩みを始め、30数年の年月を経ているが、日本社会そのものがこの制度について経験不足であると考えられる。名古屋港の藤前干潟、東京湾の三番瀬干潟の埋立中止問題の経過をみると、環境の価値をめぐる議論がようやく環境影響評価制度の手続の中で行われるようになったとみることができる。こうした経験を多く積み重ね

ることで、環境影響評価制度を通じた環境への価値観と実際の開発との関係を考えながら現実に進行する社会経済活動と環境保全の関係を考え、より良い在り方を選択していくことができる洗練された社会を実現していくことが望まれる。

第11章
社会経済活動と環境

11-1 事業活動と環境

　環境と事業活動の関係の在り方について、日本では第二次大戦後の頃から少しずつシステムづくりが続けられてきて今日に至っていると考えられる。

　環境と事業活動の関係について第一に挙げられるのは、事業活動が社会的に責任を持たねばならない環境保全規制の遵守についてである。第二次世界大戦後の復興の頃から1960年代頃までの間は、環境汚染についての規制の考え方を模索した時期であった。戦後復興から高度経済成長期にかけて、環境汚染の原因となる事業活動が拡大するが、それは汚染や被害に対する配慮を欠いたままで進んだ。不幸な公害病である水俣病、イタイイタイ病、四日市喘息の経験を経て、1967年の公害対策基本法（1993年の環境基本法の制定時に、同基本法に吸収され廃止された。以下、この章では「旧・公害対策基本法」と記述する）の制定によって、基本的な考え方として、公害から人の健康を保護し、生活環境を保全するために、発生源活動は必要な規制がなされねばならないとされた。公害規制に対応するための設備整備等の対策費用については事業者が負担する必要があり、このことは基本的に汚染者負担の原則（Polluter Pays Principle = P.P.P.原則）に沿うものである。

　次に挙げられるのは費用負担、被害補償についてである。旧・公害対策基本

法は事業活動に起因する環境の汚染により被害を与えた場合における責任の在り方について、考え方を明記し、事業活動による公害を防止するために国・地方公共団体が実施する事業について、事業者がそれに要する費用の全部又は一部を負担することを規定した。現在は1993年制定の環境基本法において、単に公害についてだけでなく、自然環境保全に関係する事業を含む環境保全に関する事業に適用するとされている。例えばこれに基づく典型的な事例は公害健康被害補償である。1973年に制定され、水俣病、イタイイタイ病、慢性ヒ素中毒、大気汚染系疾病の4公害病に認定された人への被害補償を行ってきた「公害健康被害補償法」(1988年に「公害健康被害の補償等に関する法律」に改正・改称された)は、その補償費について汚染の原因者により負担する制度とした。

　1990年代以降はそれらに加えて製品や容器について不要となった場合における事業者の責任としての「拡大生産者責任」、また、環境税のような経済的な措置に対応した事業活動の選択、さらには自主的な環境配慮が求められるようになってきていることである。拡大生産者責任については、日本では1990年代頃以降に、製品の製造における環境配慮、製品が不要となる場合における再使用・再生使用などへの配慮などに生産者の責任を求める考え方として、一部の製品等については具体的に生産者に製品の回収義務等を課して、制度化されるようになった。環境税などの経済的措置において事業者に環境配慮を求める考え方は1993年の環境基本法の制定時にその考え方が規定された。温室効果ガスの排出削減などのような環境配慮を経済的なインセンティブから進めようとの考え方によるものである。一部の県による産業廃棄物税はその具体的な例である。

　近年、事業活動における自主的な環境配慮を進める動きが活発になってきている。「ISO14001」の認証取得、「環境報告書」や「環境会計」の開示などである。いずれも規制、費用負担、環境税などのような社会制度の下で行うのではなく、事業者が自らの意志で環境配慮を行う新しい動きである。

11-2　環境保全の規制

　第二次世界大戦後の戦後復興の中で、環境汚染を伴う事業活動に対して何らかの対処を求める考え方は1949年の「東京都工場公害防止条例」にみられる。その後、1955年までに神奈川県、大阪府、福岡県において公害防止条例が制定された。1956年の「工業用水法」、1962年の「建築物用地下水の採取の規制等に関する法律」はいずれも地盤沈下を引き起こす地下水の汲み上げを規制して、今日に至っている。水質汚濁、大気汚染の規制法としては、1958年に「公共用水域の水質の保全に関する法律」、「工場排水等の規制に関する法律」、1962年に「ばい煙の排出の規制等に関する法律」が制定されたが、いずれも有効に働かなかった。

　1967年に旧・公害対策基本法の制定時に、公害を防止するため大気の汚染、水質の汚濁又は土壌の汚染の原因となる物質等に関する規制の措置を講じること、騒音、振動、地盤の沈下及び悪臭について必要な措置を講ずるよう努めなければならないとの規定がなされ、大気汚染、水質汚濁、騒音などの規制法が相次いで制定されて今日に至っている。廃棄物処理については、1970年制定の廃棄物処理法（「廃棄物の処理及び清掃に関する法律」）が事業活動に係る産業廃棄物を発生事業者が責任をもって処理・処分することを基本とし、規制を行っている。1993年制定の環境基本法では、公害に関し事業者等が遵守すべき必要な規制、自然環境を保全するための規制等について、国が規制措置を講じなければならないと規定している（同法第21条）。

　自然環境保全に関しては、1958年の「自然公園法」、1972年の「自然環境保全法」が、いずれも自然公園、自然環境保全地域として指定された地域における行為に制限を加えるなどの規制措置をとっている。1993年に制定された「種の保存法」（「絶滅のおそれのある野生動植物の種の保存に関する法律」）が、ワシントン条約等の国際的な協力のもとに野生生物種を保存する国内法として、また、国内における貴重な種を保存するために、規制措置等を定めている。

　これらの制度による規制措置についてであるが、環境基本法は「良好な環境

表11-1 主要な環境関係規制法等

環境汚染関係	自然環境保全関係
1956 工業用水法	1895 狩猟法（→1918鳥獣保護及狩猟ニ関スル法律 →2002鳥獣の保護及び狩猟の適正化に関する法律）
1962 建築物用地下水の採取の規制に関する法律	
1967 旧・公害対策基本法	1897 森林法
1968 大気汚染防止法、騒音規制法	1915 「保護林設定に関する件」（山林局長通牒）
1970 水質汚濁防止	1934 旧・国立公園法（→1958自然公園法）
廃棄物の処理及び清掃に関する法律	1958 自然公園法
	1972 自然環境保全法
農用地の土壌の汚染防止等に関する法律	1986 絶滅のおそれのある野生動植物の譲渡の規制等に関する法律（→1992種の保存法）
1971 悪臭防止法	1992 種の保存法（絶滅のおそれのある野生動植物の種の保存に関する法律）
1976 振動規制法	
2002 土壌汚染対策法	2002 鳥獣の保護及び狩猟の適正化に関する法律

の保持という高い水準」を含む「環境の保全のため」ではなく、「環境の保全上の支障を防止するため」（同法第21条）という考え方をとっている。それは「規制措置は、国民の権利や自由を制限するものであるから、その導入には自ずと制約がある」との考えによっている。この場合の「環境の保全上の支障」については、人の健康、生活環境に係る被害が生ずること、公共のために確保されることが不可欠な自然の恵沢が確保されないこと、との考え方がとられている。（「環境基本法の解説」）

　規制措置に違反した場合についてであるが、各法はそれぞれに罰則規定を設けている。大気汚染の一部の規制、水質汚濁の規制については規制基準に違反した場合には直ちに罰則の適用があり得る「直罰」が規定されている。大気汚染の一部の規制、騒音、振動、悪臭などの規制については、規制基準違反があり、それを是正するように命令がなされ、それに従わなかった場合に罰則の適用があり得るという間接的な罰則である「間罰」が規定されている。これらの公害関係各法の罰則では大気汚染、水質汚濁、悪臭に関する各法の命令違反に対するもので最も厳しいのは「1年以下の懲役又は百万円以下の罰金」、また、廃棄物処理法においては不法投棄について「5年以下の懲役または千万円以下の罰金」、法人の不法投棄について「1億円以下の罰金刑」が最も厳しいものである。

自然保護に関する規定では、種の保存法の捕獲等の禁止違反に対して「1年以下の懲役又は百万円以下の罰金」が最も厳しいものである。

11－3　費用負担・被害補償

公害規制に対応した対策に必要な設備投資などを事業者が行うについては、事業者の負担によって行われるものであるので、これは基本的に汚染者負担の原則（P.P.P.原則）に沿うものである。このような原因者負担の考え方は、1992年の「環境と開発に関するリオデジャネイロ宣言」において「原則第16　国の機関は、汚染者が原則として汚染による費用を負担するというアプローチを考慮しつつ、さらに公益に適切に配慮して、国際的な貿易及び投資を歪めることなく、環境費用の内部化と経済的手段の使用の促進に努力すべきである」とされ、広く世界に共有される基本認識である。また、この考え方は国際的には1972年にOECDが理事会勧告として採択した「環境政策の国際経済的側面に関する指導原則」として示された指導原則の「汚染者負担の原則（P.P.P.＝The Polluter Pays Principle)」、同理事会の1974年勧告「P.P.P.の実施に関する理事会勧告」にルーツを求めることができる。

旧・公害対策基本法は汚染等の費用負担について、「事業者は、その事業活動による公害を防止するために国又は地方公共団体が実施する事業について、当該事業に要する費用の全部又は一部を負担するものとする」、「……負担の対象となる費用の範囲、……事業者の範囲、……負担させる額の算出方法……必要な事項については、別に法律で定める」（第22条）と規定した。なお、この条項は環境基本法の制定時に改正されて、国、地方自治体が、公害、自然環境保全を含む環境保全上の支障を防止するために、公的な事業主体が行う事業の原因者負担、受益者負担に関する措置を行うべきとの規定となっている（同法第37条、第38条）。

1970年にこうした考え方に基づく公害防止事業費事業者負担法が制定された。この法律は公害に関わる原因者負担を求めるもので、対象事業として環境緑地事業、汚染された底泥の浚渫・水質浄化導水事業、土壌汚染対策の客土事業な

どが定められている。事業者の負担額について、公害防止以外の機能を併せて持つ場合などについては減額することができることとされている。

公害健康被害に対する補償については、1973年に制定された「公害健康被害補償法」(1987年に改正・改称されて現在は「公害健康被害の補償等に関する法律」)は、原因者負担の考え方を基礎として、大気汚染に係る「汚染負荷量賦課金」を大気汚染物質を排出する施設で大気汚染防止法に基づいて指定された一定以上の規模の施設を設置する事業者から徴収すること(公害健康被害の補償等に関する法律第52条)、水質汚濁に係る「特定賦課金」を水質汚濁防止法に基づいて指定された施設を設置して、水俣病、イタイイタイ病等の原因汚染物質を排出した事業者から徴集すること(同法第62条)を規定している。

自然保護に関係する原因者負担、受益者負担の考え方は自然公園法、自然環境保全法に明記されている。自然公園法では、工事や行為によって何らかの公園事業の必要が生じた場合に費用の一部又は全部の負担を求めること(原因者負担。同法第29条)、また、公園事業が実施された場合に地価の上昇や観光客の増加などの利益が生じる場合に事業の全部又は一部の負担を受益者に求めること(受益者負担。同法第27、28条)を規定している。

11-4 拡大生産者責任

2002年に制定された循環型社会形成推進基本法(以下「循環社会基本法」)において、拡大生産者責任は、①製品等の耐久性の向上や循環的な利用の容易化等のための製品等の設計・材料の工夫(同法第11条第2項、第20条第1項)、②使用済製品等の回収ルートの整備及び循環的な利用の実施(第11条第3項、第18条第3項)、③製品等に関する情報提供(第11条第2項、第20条第2項)のように規定されている。(「循環型社会形成推進基本法の解説」)

1991年に制定された「再生資源の利用の促進に関する法律」(2002年に「資源の有効な利用の促進に関する法律」に改正・改称)が、指定再利用促進製品(自動車、複写機、家電製品など)、指定省資源化製品(自動車、パソコン、家電製品など)、指定再資源化製品(パソコン、小型二次電池)、指定表示製品

表11-2 資源有効利用促進法による促進措置

	促進措置の内容	業種・製品
特定資源業種	工場で副産物の発生抑制・リサイクルを求める業種	パルプ製造業・紙製造業、無機化学工業・有機化学工業製品製造業、製鉄業、製鋼・製鋼圧延業、銅第一次製錬・精製業、自動車製造業
特定再利用業種	再生資源・再生部品の利用を求める業種	紙製造業、ガラス容器製造業、建設業 硬質塩化ビニル製の管・巻継ぎ手の製造業、複写機製造業
指定省資源化製品	使用済製品の発生を抑制する設計・製造を求める製品	自動車、パソコン、パチンコ遊技機、家電製品(テレビ、エアコン、冷蔵庫、洗濯機、電子レンジ、衣類乾燥機)、ガス・石油機器(石油ストーブ、ガスグリル付きコンロ等)、ニカド電池を使用する電動工具等
指定再生品利用促進製品	再使用、再利用に配慮した設計・製造を求める製品	自動車、パチンコ遊技機、複写機、家電製品(テレビ、エアコン、冷蔵庫、洗濯機、電子レンジ、衣類乾燥機)、ガス・石油機器(石油ストーブ、ガスグリル付きコンロ等)、浴室ユニット、システムキッチン、小型二次電池使用機器
指定表示製品	分別回収のために表示を求める製品	アルミ製の缶、スチール製の缶、ペットボトル、小型二次電池(注)、硬質塩化ビニル製建設資材、紙製・プラスチック製容器包装
指定再資源化製品	使用済製品の自主回収・再資源化を求める製品	パソコン 小型二次電池
指定副産物	副産物を再生資源として利用促進する業種	電気業：石炭灰 建設業：土砂、コンクリート、アスファルト・コンクリートの塊、木材

出典：経済産業省、「再生資源の利用の促進に関する法律施行令の一部を改正する政令について」、平成13.3.16による。
注：密閉ニッケル・カドミウム蓄電池、小形シール鉛蓄電池、密閉型ニッケル・水素蓄電池、リチウム二次電池

　(アルミ製の缶、スチール製の缶、ペットボトルなど)を指定して事業者にとるべき措置を義務化しているが、これは拡大生産者責任を具体化したものである。
　1995年に制定された「容器包装に係る分別収集及び再商品化に関する法律」は分別収集されたペットボトルなどの容器包装について、事業者に引取と再商品化を義務付けた。1998年に制定された「特定家庭用機器再商品化法」は、機器を生産する製造事業者等に、使用者の費用負担により不要になった場合の引取を求める制度をとった。また、2002年に制定された「使用済自動車の再資源化に関する法律」についても、自動車の製造事業者等に、使用者の費用負担により不要になった場合の引取を求める制度をとった。これらの3例についてはいずれも拡大生産者責任の考え方を具現しているといえるものである。

11-5 環境保全のための経済的措置

環境の保全のために、単に規制措置や責任負担の考えだけでなく、環境に何らかの負荷を与えるような事業活動に対して、経済的な助成措置、あるいは逆に税制上の負担を与えるなどによって、環境への負荷を少なくするように仕向けようとするのが経済的措置である。1993年に制定された環境基本法は、経済的な助成を行うために必要な措置を講ずるように努める、負荷活動を行う者が負荷の低減に努めることになるような誘導施策について調査・研究するなどを規定した。

経済的な措置の具体的な手法として課徴金・税、排出量取引、デポジット制度、資金援助があるとされる。課徴金・税は、汚染物質や温室効果ガスなどの排出に対して課税する考え方である。事業者等がこれによる負担を避けようとすれば環境負荷物質の排出を軽減しようと考えるようになり、また、環境負荷の多いものに高い課税を貸すことで、利用者が製品やサービスについて環境に配

表11-3 経済的手法の種類と具体例

	内容	具体例
税・課徴金	・排出量・排出課徴金：大気、水、土壌に対する汚染物質の排出や騒音の発生に賦課するもの ・使用者税・使用者課徴金：排水や廃棄物の共同処理に必要な費用のために賦課されるもの ・生産物税・使用者賦課金：生産、消費、処分に際して環境に有害な製品に賦課されるもの	炭素税、NOx税・課徴金、汚染負荷量賦課金、ロードプライシング、航空機騒音課徴金、排水課徴金、廃棄物処理税・課徴金、農薬・肥料課徴金、土砂採取税、など
排出量取引	汚染物質の排出許容量を総枠として設定し、個々の汚染主体ごとに一定の排出する権利を割り当て、市場においてその取引を認めるもの	オゾン層破壊物質、SOx、水質汚濁権、など
デポジット	製品本来の価格にデポジットを上乗せして販売し、不用になった使用後の製品が所定の場所に戻された際に、デポジットが返却される仕組	飲料容器、自動車、自動車バッテリー、金属缶、など
補助金	環境汚染物質排出企業に対して、ある一定レベルまで削減する行為に対して財政的な支援を行うこと	省エネルギー、公害防止設備、など

出典：「温暖化対策税を活用した新しい政策展開」により作成

慮しないものを選択しないようにするものである。排出量取引は、気候変動枠組条約に基づく地球温暖化の抑制のための「京都議定書」の具体的な温室効果ガス削減に係るメカニズムに取り入れられたが、それは温室効果ガス排出量の削減について国と国の間での売買を認めた仕組である。これについては、国によっては国内のレベルでの取引に道を開くことも想定されている。デポジット制度は製品や容器の価格に回収費用を上乗せするもので、不要になってリサイクル、処分される場合の費用をあらかじめ確保するものである。資金援助は環境保全対策、環境負荷削減に補助金などで支援すること、税制上の優遇措置を講じるなどである。(「温暖化対策税を活用した新しい政策展開」)

11-6 社会経済活動と環境配慮

環境基本法は、環境の保全のために国、地方自治体、事業者及び国民にそれぞれに果たすべき責務を規定している。事業者の責務については、第一に汚染物質・廃棄物等の処理を行うこと、自然保護の措置を講ずること、第二に製品等が廃棄物となった場合における適正処理のための措置を行うこと、第三に製品の使用・廃棄にあたって環境負荷の低減に資することとなるよう努めること、事業活動における原材料使用、役務利用にあたって環境負荷の低減に資するものを使用するよう努めること、第四に自主的に環境への負荷の低減、環境の保全に努めること、公共施策に協力すること、を明記している。

第三の責務についてであるが、「一般的には事業活動に伴い直接に発生する環境への負荷の低減の責務ほど強い責務を課すことは適当でない」(「環境基本法の解説」)が、物の製造、加工、販売、その他の事業活動全般にわたって努力を求めている。また、第四は事業者にも、広く国民や種々の主体のすべてにも求められるものである。第三、第四は事業者側の自主的な取組に期待されるものであるが、事業者の取組は一般的には個人の取組に比べて環境への負荷の低減効果が大きくなる可能性がある。

事業者の自主的な環境配慮の取組について、審査を経て認証する仕組として「ISO14001」がある。事業者が環境関係法令等の遵守や自主的な環境配慮を行

う環境管理の取組(環境マネージメントシステム)を「国際標準規格」として定め、企業の申請に基づき、規格への合否を審査し、認定するものである。審査・登録は、審査登録の能力があるとされて認定された機関である「審査登録機関」が行うこととなっている。審査登録機関の認定については、各国1つの認定機関が行うこととされており、日本では(財)日本適合性認定協会がそれを行っている。手続を経て認定された審査登録機関は、企業等の環境マネージメントシステムを審査し、認証を与え、認証を得た企業等は「ISO14001」を取得していることを外部に向かって喧伝することができる。企業等の環境配慮についての基本的な事項は「環境法規制等の遵守」と「自主目標の構築と遵守」である(「ISO14001を学ぶ人のために」)。日本では審査登録機関は約50機関、認証を得た企業等の数は23,772件である(2007年3月末)。

　企業が「環境報告書」、「環境会計」を公表する動きが広がりを見せるようになった。どちらもあくまでも自主的なもので、環境報告書は、環境についての方針、企業の取組組織など環境マネージメントシステム、環境汚染物質・環境負荷物質の排出状況や低減措置などを含むものである。環境会計は、事業活動における環境保全に要したコストと効果を明らかにして公表するものである(「平成12年版環境白書」)。環境省の調査結果によれば、環境報告書に関するアンケートを行った1,585企業、非上場企業1,607企業について、環境報告書の作成・公表は933件(他に作成・公表予定99件)、環境会計に関するアンケートに回答を寄せた2,691件について、環境会計を既に導入しているのは790件(他に導入に向けて検討しているとする回答が369件)であった(「平成19年版環境統計集」)。

第12章
◆◆◆
環境政策の形成過程と環境の価値観

12−1 環境保全への取組

　第二次世界大戦後の日本社会の環境保全への取組を概観してみると、公害対策、自然保護対策、環境の快適性・アメニティの確保・創造、地球環境保全、廃棄物処理・資源リサイクルなどについて取組んできているとみることができる。

　戦後の復興に続く高度経済成長期の頃に、水俣病、イタイイタイ病、四日市喘息などに代表される環境汚染とその被害を経験してその対策を模索し、やがて1967年に公害対策基本法を制定して公害対策の基本的な考え方や枠組みを定めた。同じく、戦後の工業開発、交通輸送網整備、都市開発等によって、大きな影響を受け改変・破壊された自然環境について、その大切さを見直し、保護する動きが拡大し、都道府県で自然保護条例の制定が相次ぎ、1972年に自然環境保全法が制定された。

　1970年代の前半頃までの取組みによって、日本は公害病を発生させるような激甚な環境汚染についてほぼ克服したのであるが、1977年のOECDによる日本の環境政策レビューが、日本の環境政策について環境の快適性・アメニティへの配慮の必要性を指摘し、これが1つの契機となって環境の価値としての快適性・アメニティに対する認識が高まった。環境の政策としてこれを反映している

と考えられるのは1970年代頃から広がった地方自治体による景観保全に関する条例等の制定による取組である。

廃棄物処理とリサイクルについては、1970年制定の「廃棄物の処理及び清掃に関する法律」によって、一般廃棄物、産業廃棄物の処理・処分について取組が進められてきたが、安全性に配慮した適正な処分、国民に受け入れられる処理施設・処分場の確保について、現在でも社会的に十分な信頼を得るに至っていない段階にある。さらには廃棄物のリサイクルなどによる循環型社会形成について、1980年代後半頃から取組が進むようになり、1990年代には各種のリサイクル関連の個別法が制定されて、資源・エネルギーの循環的な利用のための社会的な制度の整備が進んできている。2002年には循環型社会形成推進基本法が制定されて、循環型社会を形成するという考え方の下に、廃棄物処理、資源リサイクルに取組む考え方が整備された。

地球環境保全については、1980年代に入ってから、オゾン層破壊、地球温暖化、森林・熱帯林の破壊、野生生物の絶滅種の増加などを通じて、国際的に注目が集まるようになった。1987年には「環境と開発に関する世界委員会」がこれからの人類社会の在り方について「持続可能な開発」という概念を提示し、1992年の「環境と開発に関する国連会議」においては、持続可能な開発を基調とする「リオデジャネイロ宣言」を採択した。

日本は1993年に環境基本法を制定したが、その基本理念については、1967年制定の公害対策基本法を廃止して、その環境汚染対策に関する目的・施策を吸収し、1972年制定の自然環境保全法の基本理念部分を削除して取り込み、さらには持続可能な開発、地球環境保全などの考え方を加えたものとなっている。現在の環境政策の拠り所となっている環境基本法は、公害対策、自然保護対策、地球環境保全、廃棄物処理・資源リサイクルをその政策の基本項目としている。

12-2 公害対策

第二次世界大戦後の経済復興が進んだ東京都では「人口は急増し……終戦後のわずか半年間に、70万人もの人口が流入……以後も毎年30万人くらいふえた。

……工場も1951年末には37,000となり、さらにそれに毎年5,000くらいずつ増加する勢い……」(「公害と東京都」)の中で、住居と工場の混在が公害に対する都民の苦情を増加させた。こうした状況を背景に1949年には「東京都工場公害防止条例」が制定された。条例では工場の新設、増設に当って届出を求め、振動防止、騒音防止、容器の爆発・破裂等の予防、有臭・有害ガスや色素を含む廃液の対策設備設置などを義務付けるものであった。「公害と東京都」は、この条例の施行後に、既存工場で届けられたものが約1万5,000件、工場の設置変更の申請は毎月800件、条例制定後の1949年度から1952年度までの工場公害の陳情件数は597件、工場公害苦情件数は1950年度に137件、その後件数は年ごとに増えて1958年には681件、などと記述している。東京都の条例は他の府県に波及して、1951年には神奈川県、1954年には大阪府、1955年には福岡県が公害防止条例を制定した。

　1958年に、本州製紙江戸川工場の排水による漁業被害をめぐって漁民約700人が工場に乱入し警官と衝突する事件があり、これを契機に、「公共用水域の水質の保全に関する法律」、「工場排水等の規制に関する法律」の2法が制定された（両法は1970年の水質汚濁防止法制定時に廃止）。四日市コンビナートの本格操業から1年後の1961年に喘息症状を持つ人が多発し、その被害者の方々の惨状が全国に知られるようになり、また、京浜、阪神、北九州地域などの大気汚染も懸念されるようになったため、1962年には「ばい煙の排出の規制等に関する法律」が制定された（この法律は1968年の大気汚染防止法制定時に廃止）。

　東京都周辺では第二次世界大戦前から地盤沈下が起こっていたが、戦時には沈下傾向が止まり、戦後の復興により地下水の汲上げが増大するとともに再び地盤沈下が進むようになった。例えば1960年の東京都江東区平井町の観測結果は、年間沈下量が18cmであった（「昭和44年版公害白書」）。こうした地盤沈下は大阪府、その他の地域でもみられ、地盤沈下の原因である地下水の汲み上げの規制のために1956年に工業用水法、1962年に「建築物用地下水の採取の規制に関する法律」が制定され、この両法は今日においても機能している。

　全国的な公害苦情の集計は自治省（当時）により1969年度に、1966年度を対象に行われているものが最初である。それによれば、総苦情件数は2万502件、

騒音7,640件、大気汚染4,962件、悪臭3,494件、水質汚濁2,197件などであった。その後件数は増加し、1968年には28,970件、1972年には約80,000件に達した。

　このような公害の発生に対して、1955年には厚生省（当時）が生活環境を大気汚染、水質汚濁、騒音、振動、放射能から守るための「生活環境汚染防止基準法案」を作成・公表したが、関係各省、産業界、一般世論の指示を得られずに終わった。1965年4月には当時の社会党と民主社会党がそれぞれに公害対策法案を国会に提出したが、当時国会質議で佐藤総理大臣は「……今日基本法をつくるとかつくらないとか……申すことはやや早いのじゃないか、かように私は思います」と答弁している。1965年11月の経済団体連合会の「公害政策に関する意見」は、「公害防止施設の不十分さがあることは否定できないが、より根本的には、適切な産業立地政策や都市計画など、公害問題を未然に防止するための計画的かつ統一的な政策がなく、工場誘致は無計画に行われ……公共施設への投資ははなはだしく不足……産業界としては能う限りの努力を払うべき……各業界は巨額の支出を行いつつあるが、多面産業は厳しい国際競争に直面していてその負担には限度がある……」と発表している。しかし、1964年には東駿河湾の工業開発計画が住民の反対運動により中止された例にみられるように、公害対策を講じなければ産業立地そのものに危惧を抱かせるような事態でもあった。1966年4月には、佐藤総理大臣が国会委員会の質議で「公害対策、これは産業以前の問題……何にも優先してこれに取り組む、これが政治の姿勢でなければならない……必要ということであれば進んで立法措置をとっていく……」と答弁している。（「公害対策基本法の解説」）

　こうした経緯を経て「公害対策基本法」が制定された。

　この法律では、公害対策の推進により「国民の健康を保護するとともに、生活環境を保全する」とした。これによって公害から国民の健康、生活環境が保護されるべきとの考え方が確立された。この公害対策基本法の制定の後、その基本的な施策である大気汚染、水質汚濁その他の公害に対する規制、原因者負担、紛争処理、などの公害対策の諸制度が確立された。なお、1967年の制定当初には、「生活環境の保全については、経済の健全な発展との調和が図られるようにするものとする」とただし書きされていたが、1970年の改正時に削除され、

国民の健康、生活環境ともに、公害から保護されるべきものとの考え方が確立、その後この考え方の下に諸施策が進められた。なお、1993年の環境基本法の制定時に、公害対策基本法は廃止され、基本的な考え方や諸規定は環境基本法に吸収された。

12-3　自然環境保全と環境の快適性

　明治時代から第二次世界大戦以前までに、日本の自然環境保全に係る鳥獣保護、森林保全、国立公園等の自然公園保全について諸施策がとられ始めていた。それらは変遷を経てきたが今日においても法律等により自然環境保全に役割を果たしている。

　鳥獣保護法は明治時代の1873年の「鳥獣猟規則」（太政官布告第25号）に始まり、1895年の狩猟法、さらに1918年の「鳥獣保護及狩猟ニ関スル法律」を経て、2002年に改正・改称されて現在の鳥獣保護法となっている。2002年改正後の同法では「鳥獣の保護を図るための事業を実施するとともに、鳥獣による生活環境、農林水産業又は生態系に係る被害を防止し……鳥獣の保護及び狩猟の適正化を図り、もって生物の多様性の確保、生活環境の保全及び農林水産業の健全な発展に寄与する……」ことを目的とするとしている。この「鳥獣による生活環境、農林水産業又は生態系に係る被害を防止し……鳥獣の保護及び狩猟の適正化」の部分についてであるが、2002年に改正される前の同法の目的では「……有害鳥獣ノ駆除及危険ノ予防ヲ図リ……」と記述されていた。このことから知られるように、保護するという側面と捕獲を認める側面とを持っている。2002年改正時に環境大臣に「鳥獣の保護を図るための事業を実施するための基本的な指針」（基本指針）を策定することを求めており（同法第3条）、これに基づく基本指針が2002年12月に策定、公表されている。この指針では、基本理念と基本的な考え方について、鳥獣が人間の生存の基盤としての自然環境の重要な構成要素であること、鳥獣は生活環境、農林水産業、生態系に被害を及ぼす側面があり固体数調整等の対処を必要とすること、鳥獣の保護・狩猟適正化は生物多様性の確保の側面に寄与するものであることなどを指摘している。

1873年に、官林の払い下げ後の林地の乱伐に対処するため、大蔵省が山林の払い下げを行うにあたって配慮に関する調査を行う「官林調査仮条例」を定め、一部の必要な官林を禁伐林として保護することとし、1883年には民有林についても必要であれば伐採停止林とし、伐採を行う場合には許可を要することとした。1897年には「森林法」を制定して保全するべき森林を「保安林」として指定する制度が設けられ、禁伐林、伐採停止林は保安林に組み入れられた。森林法と保安林保護策は今日においても森林保全のために大きな役割を果たしている。

1915年に「保護林設定に関する件」（山林局長通牒）の決定により、国有林について、学術上の価値、景勝地・名勝地の保全、高山植物や鳥獣繁殖地の保全などの観点から、保護林として指定し保護する制度が取り入れられた。指定された保護林のうち、後に国立公園に指定されて保護措置がとられることとなって指定が解除された地域もあったが、保護林に関する指定と保全措置は今日においても有効に役割を果たしている。

昭和初期の1931年に「国立公園法」が制定され、1934年には瀬戸内海など6つの国立公園が指定された。同法は、1949年には「国立公園に準ずる自然の風景地」を国定公園として指定する制度を設け、1957年には都道府県立自然公園の制度を加えて改正・改称され、自然公園法となった。この法律は「すぐれた自然の風景地を保護するとともに、その利用の増進を図り、もって国民の保全、休養及び強化に資する」との目的のもとに制定されている。

指定された国立公園等について、規制の厳しい特別地区では工作物の設置、木竹の採取・損傷、高山植物、その他の指定されたものの採取・損傷について許可がなければ禁止される規制を、最も規制の厳しい特別保護地区では、さらに落葉・落枝の採取、動物の卵の採取・損傷を含む諸々の行為について許可がなければ禁止される規制措置がとられている。海中公園地区についても特別地域と同様の規制がなされている。普通地域では工作物の設置等の行為に届出を課す規制を実施することにより保護措置がとられている。法律の目的としては自然のすぐれた風景地を保護する、との目的による「ゾーン指定」によって規制しているのであるが、実質的に風景地を保護することを超えて自然の保護に

役割を果たしている。

　しかし、自然公園法は国立公園、国定公園、都道府県指定の自然公園など、自然景観が優れているとして指定された地域以外の自然保護については有効ではなかった。身近な自然は必ずしも自然公園法の指定地域ではなく、また、希少種や希少な生態系などが保護される制度ではなかった。高度経済成長期の日本では自然環境への配慮を欠いた開発が進められて、自然海岸や干潟、身近な緑地が失われて、国土全体として自然の林地の都市的利用への転換、海岸・干潟の埋立が進んだ。自然保護そのものをどのように考えるかについて、基本的な理念を確立する必要があった。1970年頃から都道府県において自然保護条例の制定が相次ぎ、そうした動向を踏まえて1972年に自然環境保全法が制定された。自然環境保全法は基本理念を「……自然環境が人間……に欠くことのできないものである……広く国民がその恵沢を享受するとともに、将来の国民に自然環境を継承する……」とした。また、この法律の規定に基づいて1973年に策定された「自然環境保全基本方針」では、「自然は、人間生活にとって、広い意味での自然環境を形成し、生命をはぐくむ母体……①経済活動のための資源としての役割を果たすだけでなく、②それ事態が豊かな人間生活の不可欠な構成要素……我々は、自然を構成する諸要素間のバランスに注目する生態学を踏まえた幅広い思考方法を尊重し、人間活動も、日光、大気、水、土、生物などによって構成される微妙な系を乱さないことを基本条件としてこれを営むという考えのもとに、自然環境保全の問題に対処することが要請される」とした。ここで読み取れるのは自然公園法によるすぐれた自然景観の保全、鳥獣保護法による鳥獣の保護等を超えて、包括的に自然・生態系を保護するとの理念が明確にされたことである。なお、1993年に制定された環境基本法は自然環境保全法の基本理念部分を含む基本理念を明記したため、自然環境保全法の基本理念部分は削除された。

　1993年に制定された環境基本法に基づいて、1994年12月に環境基本計画が策定され、2000年に改定された。同計画において、自然環境との関係については「……自然を尊重し、自然との共生を図ること、そして、極力、自然の大きな循環に沿う形で、科学・技術の活用を図りながら、私達の活動を再編し直す……」

としている。人と自然との共生を図る、との考え方は2002年12月に制定された自然再生推進法の制定目的及び基本理念にみられる。同法はその目的を「……自然再生について基本理念を定め……自然再生基本方針の策定その他の……必要な事項を定め……施策を総合的に推進し、もって生物の多様性の確保を通じて自然と共生する社会の実現……地球環境の保全に寄与する……」としている。「共生」の考え方が法律の本文に記述されるようになったことを意味するものであり、環境政策における自然保護においては自然との共生を目指すとの考え方がより確かなものとなってきている。

1977年のOECDによる日本の環境政策レビューは、「日本は、数多くの公害防除の戦闘を勝ちとったが、環境の質を高めるための戦争ではまだ勝利をおさめていない」（OECD「日本の経験」）とし、このことが日本に快適環境の議論を巻き起こした。環境の快適性、アメニティともいわれる概念は少なくとも十分に日本社会に認識されていたものではなかった。しかし、そうした認識が皆無であったというのではなく、例えば既に1972年に京都市、1973年に仙台市が景観の保全に関する条例を制定するなどの事例があった。当時の環境庁長官が「OECDのレビューの中の、アメニティなどというわかりにくい横文字を持ち込まずとも、日本人は、文化本能として、環境を自らで整える最高の能力を潜在して抱いている筈である」、「僅か百年間での社会の産業化という、国家的悲願なる公的目的のために、我々は、あまりに私的な意味や目的を押さえ、犠牲にさえ供してきたのではなかろうか。そうした努力あって初めて達成された近代化であっても、その絶対値がここまで高められた今、我々は自らが達成し終えて来たことへの歴史的批判を、先ず何よりも己自身のために行うべき時に来ているに違いない」と記述している例がある（「日本は快適か」）。

1979年発刊の「昭和54年版環境白書」は初めて「快適な環境を求めて」を1章にわたって取上げ、その中で「快適な環境を形成していくことが必要」とした。当時の議論や環境白書等を総合すると、環境の快適性は、空気のさわやかさ、静けさ、緑とのふれあい、水辺とのふれあい、町並みの景観、歴史的雰囲気、のびのびとした空間などからなる（「昭和55年版環境白書」、「環境庁二十年史」）。その後の快適環境の形成に関する最も典型的な動向として、地方自治体

における景観保全の取組を挙げることができる。景観保全に関する条例については、1972年の京都市の条例などが最も早期の事例であるが、景観についての地方自治体における自主的な条例は、最近では450市町村で494条例、27都道府県で30条例に達している。快適環境（アメニティ）における重要な要素が景観であることから、都市や人工景観を含む景観の保全と創造が、国の環境政策の中で確かに位置付けられる必要があり、2004年には日本における良好な景観の形成を促進することを目的とする「景観法」が制定された（「概説・景観法」）。

環境基本法は、環境の保全について、公害などから人の健康や生活環境を防止する、あるいは欠くことのできない自然の恵沢を確保することなど、国民の権利・義務に直接に関わり、規制措置をとるなどによって保全する必要のあるような環境について、環境の保全上の支障を防止するとの考え方をとっている。一方、支障を防止するという範囲を超えて、空気のさわやかさ、水の清らかさ、静かな雰囲気、良好な自然などのような環境の好ましい状態についても環境の保全に含まれるものとの考え方をとっている。（「環境基本法の解説」）

12-4 地球環境保全

1980年代に日本は地球規模の環境問題に関心を示し始めた。

1980年9月に、環境庁長官（当時）は、学識者11名からなる懇談会に「地球的規模の環境問題に対する取組の基本的方向について」報告を求め、懇談会は12月に報告をした。報告は、増大する世界人口にとって将来にわたる資源の確保は困難であるばかりでなく、地球的規模で人間環境の悪化が起こる可能性が高いこと、この問題は文明、途上国の人口増加と経済的な発展などの基本的なところに起因するもので、全世界的な努力、英知が求められること、日本も積極的にこの問題に取り組む必要があること、などを指摘した。

1981年発刊の「昭和56年版環境白書」は始めて「地球的規模の環境」を取り上げて、大気中二酸化炭素濃度の変化が進んでいることとそれによる温暖化の懸念があること、フロンガス等によるオゾン層破壊への影響に注目が集まりつつあること、野生生物種の減少と絶滅の危機にある生物種が増えていること、開

発途上国で熱帯雨林の減少・砂漠化の進行が見られること、などを記述した。これが環境白書で地球環境問題が触れられた最初であったが、その後の環境白書は地球環境問題を欠かすこと無く取り上げて今日に至っている。

その前年の1980年には、アメリカのカーター大統領（当時）の指示のもとで「西暦2000年の地球」がまとめられて公表された。この報告では、世界が地球規模の問題として認識している人口、食料、資源、エネルギーなどの視点から、人類社会と地球環境との関係に関する諸問題を指摘して、世界的な関心を集めた。

1982年に国連環境計画（UNEP）による「国連環境計画管理理事会特別会合」が開催され、「ナイロビ宣言」が採択され、同宣言は、地球環境問題が深刻な脅威となっているとした。この特別会合の後に、1985年に国連に環境と人類社会の在り方を考える「環境と開発に関する世界委員会」が発足し、同委員会は1987年に「我ら共有の未来」（Our Common Future）を報告書としてまとめ、1987年秋の国連総会に進達した。この報告では「持続可能な開発」という概念が提唱された。この考え方は1992年に国連により開催された「開発と環境に関する世界会議」の宣言である「リオデジャネイロ宣言」において基調となる考え方とされた。

こうした背景から、日本における地球環境保全の考え方は1980年代に広がっていった。1990年に実施された総理府の「地球環境問題に関する世論調査」結果では、国民の90%が地球環境問題に関心があると答えるに至った。

1993年に日本は環境基本法を制定したが地球環境保全はこれからの環境政策の重要な一部であるとの考え方をとった。同法の制定目的について、「この法律は……人類の福祉に貢献することを目的とする」（同法第１条）とし、「……地球環境保全は……国際的協調の下に積極的に推進されなければならない」（同法第５条）とした。

12-5 循環型社会形成

1970年に制定され、その後の日本の廃棄物処理の基本的な仕組として役割を果たしてきた「廃棄物の処理及び清掃に関する法律」（以下「廃棄物処理法」）

は、1991年に廃棄物の発生抑制を目的に加えた。廃棄物の発生抑制の考え方はこの改正により初めて最も優先されるべき概念とされ、かつ、いわゆるリサイクルの考え方が法律の目的として規定された。

1980年代に、国内ではごみ、産業廃棄物の処理処分における不法投棄問題、廃棄物の最終処分をめぐるトラブルの多発、不要となって廃棄される容器、家電などあらゆるごみの処理に係る市町村負担の増大などの諸問題に直面した。ごみや産業廃棄物リサイクルについては、自発的なレベルで行われたが、社会的な仕組としては整ってはいなかった。一方、マクロな地球規模での環境問題が注目を集め、「持続可能な開発」という概念が広く世界の認識となるとともに、工業文明の象徴ともいうべき大量生産、大量消費、大量廃棄の在り方は地球環境問題の基本要因の1つとの認識が高まり、1992年開催の「開発と環境に関する国連会議」の宣言（リオデジャネイロ宣言）では、「持続可能でない生産及び消費の様式を減らし、除去し、かつ適切な人口政策を推進するべきである」（原則8）とされた。

こうした内外の事情が、日本社会に廃棄物の減量と不要となったもののリサイクルを進める必要性を知らしめるところとなり、1991年の廃棄物処理法の目的の改正を促した。1993年制定の環境基本法は、環境への負荷の少ない持続的発展が可能な社会の構築を、次世代への環境の継承、地球環境保全などとともに、基本理念の1つとして規定した。同法に基づいて政府によって策定された「環境基本計画」は、4項目の長期目標の1つを「循環」（他の3項目は「共生」、「参加」、「国際的取組」）とした。1990年代から2000年代にかけてリサイクルに関連して容器包装、家庭電気機器、食品廃棄物等、建設廃棄物、自動車などについて、それぞれに再生利用等を推進する社会システム構築を目指す立法措置がなされた。

2002年にはそうした考え方を包括して、社会全体を循環型にするとの目的のもとに「循環型社会形成推進基本法」（以下「循環社会基本法」）が制定された。循環社会基本法は「環境基本法の基本理念にのっとり」施策の基本事項等を定めるとしており、環境基本法の理念に沿って、環境基本計画の4項目の長期目標の1つである「循環」に関係する資源リサイクルに焦点を当てて、「人間社会

における物質循環の確保を狙いとして、その喫緊かつ中心的課題である廃棄物・リサイクル対策に焦点を当てて制定された」(「循環型社会形成推進基本法の解説」)とされる。

12-6 環境政策の形成過程と環境に対する価値観の確立

　日本の環境政策の形成過程をみると、まず公害に対する取組が早期に着手され、拡充されていったことが知られる。第二次世界大戦後の戦後復興とともに東京都などで1950年代半ば頃から問題が生じ、1967年の公害対策基本法の制定、その他個別公害規制法の制定を経て、1970年代頃までに典型的な規制手法である総量規制制度が定着した。1970年代前半までの間が政策として急速な拡充が図られた時期と見られ、その後は少し速度を緩めて政策の質の充実を図ってきているように見られる。公害は一般国民にとっては、場合によっては公害病のリスクに関係し、そうでなくても日常生活における公害苦情要因に関係するものであるので、環境の価値観としては最も認識し易く、国民に広く共有されるものであった。

　自然環境保全については、戦前において、1897年制定の森林法等において森林の価値観、1931年制定の国立公園法（1957年に自然公園法に改正）において自然景観の価値観、1918年の「鳥獣保護及狩猟ニ関スル法律」（2002年に「鳥獣の保護及び狩猟の適正化に関する法律」に改正・改称）等により個別の動物種の価値観の萌芽をみることができる。あらゆる動植物種、生態系などを含む自然環境全般にわたる自然環境への価値観は、1972年に制定された自然環境保全法によって明確にされたが、この頃の時点では自然環境は人間にとって欠くことのできないものであるとの認識のもとに重要とされる考え方が一般的であった。環境基本法に基づいて1994年に策定された政府の「環境基本計画」が長期目標として「共生」を掲げたが、ここでは自然を保護する考え方から、自然と共生するという考え方に移行していると理解される。2002年12月に制定された自然再生推進法は、自然と共生する社会を実現することを同法の制定目的、理念として規定したが、環境政策、特に自然との関係における政策についてはこ

の「共生」という考え方は、今後、基調になっていくものと考えられる。しかし、国民のすべてにこのような考え方が定着しているかどうかといえば必ずしもそうではないだろう。自然と人間との関わりに関する考え方は、環境汚染に関係する環境の質に対するものほどには価値観は一様ではなく、人それぞれに多様に意見を持っていると考えられる。ただ、緩やかながら共生の考え方を受け入れる日本人が増加傾向にあるのではないかと考えられる。

　環境の快適性、アメニティについてであるが、1977年のOECDによる日本の環境政策レビューを1つの契機として、環境汚染が無いというだけではなく、感性を通じて我々を刺激する空気のさわやかさ、水の清澄さ、町並みの美しさ、自然景観と人工構造物との調和、などからなる環境の快適性は、環境政策のうえでは確かなものとして定着していると考えられる。地方自治体による景観の保全の施策に、着実な取組を見ることができる。しかし、大都市の修景された表通り、景観に配慮された一部の町並み、伝統的・歴史的な建築物群として保存されている地域などのような、象徴的ともいえる景観保全・創出が見られるが、それらは一部の地域にすぎない。また、景観やアメニティに対する価値観について、自然の保護に関するものと同様にそれぞれ人により考え方は多様であると考えられるし、一方、環境の快適性やアメニティに関係する価値観が多様であることは意味のあることでもある。大切なことは、環境の価値として、人の感性によって捉えられる快適性・アメニティが重要であるという基本的な価値観を共有すること、さらにはそういう価値観を基本として洗練された感性が質の高い環境の快適性を保全・創出することである。

　地球環境保全、循環型社会形成については、ほぼ同じルーツを持つ。1980年代に日本は地球規模の環境問題に関心を示すようになり、1987年に「環境と開発に関する世界委員会」が提唱した「持続可能な開発」の考え方を、1993年の環境基本法の制定時に環境政策の基本理念として規定し、また、同基本法の規定に基づいた環境基本計画を策定し、その4項目の長期目標の1項目として「循環」を掲げ、具体的な循環型社会形成に資するリサイクル関係諸法による社会システムの構築を進めてきた。地球環境が我々にとって重要な意味を持つものであるとの価値観は、政策のうえでは環境基本法、その他の諸法によって明

確に規定され、世論調査結果によるとかなり高い割合で国民は地球環境に関心を持ち、また、企業は自主的な取組みを進めるようになってきているようである。地球環境保全を身近な問題として捉えることは難しい側面があるのだが、地球環境の価値観は、環境を考えるうえでは最も基本的で重要なものとしてすべての人々に共有されねばならないものである。

参考図書・引用文献等

《第1章》
内藤正明『エコトピア』日刊工業新聞社（1992）
湯浅赳男『環境と文明』新評論（1993）
クライブ・ポンティング、石弘之・京都大学環境史研究会訳『緑の世界史・上』『緑の世界史・下』朝日新聞社（1994）
大場英樹『環境問題と世界史』公害対策技術同友会（1979）
東京都『東京都清掃事業百年史』（2000）
東京都公害研究所編『公害と東京都』（1970）
環境省編『平成13年版循環型社会白書』（2001）
UNEP他編『世界の資源と環境1994-95』中央法規（1996）
UNEP他編『世界の資源と環境1996-97』中央法規（1996）
UNEP他編『世界の資源と環境1990-91』環境情報普及センター（1991）

《第2章》
宇井純『公害の政治学』三省堂新書（1968）
熊本大学医学部水俣病研究班『水俣病』（1966）
水俣市『水俣病のあらまし』（1994）
新潟県『阿賀野川水銀汚染総合調査報告書』（1979）
水俣病に関する社会科学的研究会『水俣病の悲劇を繰り返さないために』（1999）
熊本県『水俣湾環境復元事業の概要』（1998）
環境省編『平成19年版環境循環型社会白書』（2007）
山本宣正編『公害保健読本』（1972）
萩野昇『イタイイタイ病との闘い』朝日新聞社（1968）
神岡町『神岡町史・史料編・中巻（鉱山関係史料）』（1975）
小林純『水の健康診断』岩波新書（1971）
イタイイタイ病訴訟弁護団編『イタイイタイ病裁判・第1巻』総合図書（1971）
富山県『平成10年版富山県環境白書』（1998）
総理府・厚生省『昭和44年版公害白書』（1969）
東京都『東京大気汚染訴訟の和解について（2007年8月8日）』報道発表資料（2007）
環境省『平成19年版環境統計集』（2007）
環境庁編『昭和55年版環境白書』（1980）
環境庁編『環境庁二十年史』（1991）

水俣病訴訟弁護団編『水俣から未来を見つめて』(1997)
環境庁編『平成6年版環境白書各論』(1994)
環境庁編『平成8年版環境白書各論』(1996)
環境省編『平成18年版環境白書』(2006)
環境省編『平成19年版環境循環型社会白書』(2007)

《第3章》
環境庁編『昭和47年版環境白書』(1972)
環境庁編『平成9年版環境白書』(1997)
環境省編『平成15年版環境白書』(2003)
環境省編『平成19年版環境循環型社会白書』(2007)
環境省編『環境基本法の解説・改訂版』ぎょうせい (2002)
環境庁編『逐条解説・水質汚濁防止法の解説』中央法規出版 (1996)
シーア・コルボーン他、長尾力訳『奪われし未来』翔泳社 (1997)

《第4章》
環境省編『平成19年版環境循環型社会白書』(2007)
環境省編『平成19年版環境統計集』(2007)
環境省編『平成15年版循環型社会白書』(2003)
東京都公害研究所編『公害と東京都』(1970)
環境省編『平成15年版環境白書』(2003)
環境省編『平成16年版環境白書』(2004)
環境庁ダイオキシンリスク評価研究会編『ダイオキシンのリスク評価』中央法規 (1997)
環境庁編『平成8年版環境白書・総説』(1996)

《第5章》
環境省編『平成15年版循環型社会白書』(2003)
環境省編『平成19年版環境循環型社会白書』(2007)
国際比較環境法センター編『主要国最新廃棄物法制』商事法務研究会 (1998)
山谷修作「ごみの有料化は何をもたらしたか」『資源環境対策』Vol.42, No15 (2006)
環境省「廃家電の不法投棄状況について」報道発表資料 (2006年11月28日)

《第6章》
農林水産省編『食料・農業・農村白書 平成19年版』
沼田真編『自然保護ハンドブック』東京大学出版会 (1976)
鳥獣保護管理研究会編著『鳥獣保護法の解説 (改訂3版)』大成出版社 (2001)

環境庁『環境庁十年史』(1982)
環境省編『平成19年版環境統計集』(2007)
環境庁自然保護局『海洋生物環境調査報告書・第3巻・サンゴ礁』(1994)
環境庁編『昭和57年版環境白書』(1982)
環境庁編『平成8年版環境白書総説』(1996)
環境庁編『平成12年版環境白書総説』(2000)
環境省編『平成15年版環境白書』(2003)
環境省編『平成19年版環境循環型社会白書』(2007)
環境省：http://www.env.go.jp/nature/biodic/nbsap3/
環境省編『第三次生物多様性国家戦略の概要』(2007)

《第7章》

農山漁村文化協会『世界食料農業白書2005年報告』(2006)
UNEP他編『世界の資源と環境2000-2001』日経BP社 (2001)
福岡克也監修『環境年表2004-05』(2004)
環境庁地球環境部編『地球環境キーワード事典』中央法規 (1998)
国際連合食糧農業機関編『世界漁業白書（2000年）』国際食糧農業協会 (2001)
地球環境工学ハンドブック編集委員会『地球環境工学ハンドブック』オーム社 (2003)
国土交通省編『平成13年版日本の水資源』(2001)
環境省編『平成18年版環境統計集』(2006)
UNEP他編『世界の資源と環境1996-97』中央法規 (1996)
環境省編『平成15年版環境白書』(2003)
環境庁編『平成12年版環境白書総説』(2000)
UNEP他編『世界の資源と環境1998-99』中央法規 (1998)

《第8章》

環境庁地球環境部監修『酸性雨』中央法規 (1997)
中国国家環境総局、中日友好環境保全センター日本専門家グループ訳『2000中国環境公報』
環境省編『平成19年版環境循環型社会白書』(2007)
不破敬一郎・森田昌敏編著『地球環境ハンドブック・第2版』朝倉書店 (2003)
環境庁地球環境部監修『オゾン層破壊』中央法規 (1996)
環境省訳『IPCC第4次評価報告書第1作業部会報告書概要（2007年5月22日）』(2007)
資源エネルギー庁総合政策課編『平成13年度版総合エネルギー統計』通商産業研究社 (2002)
環境省等訳『IPCC第4次評価報告書統合報告書・政策決定者向け要約（仮訳）』(平成19年11月30日付) (2007)

《第9章》
環境庁地球環境部編『地球環境キーワード事典』中央法規（1998）
環境省編『平成15年版環境白書』（2003）
外務省地球環境室編『地球環境問題宣言集』（1991）
地球環境法研究会『地球環境条約集第4版』中央法規（2003）
環境庁編『平成5年版環境白書総説』（1993）
環境と開発に関する世界委員会、大来佐武郎監修『地球の未来を守るために』福武書店（1987）
『京都議定書目標達成計画』（2005年4月28日）

《第10章》
環境庁環境影響評価研究会編『逐条解説環境影響評価法』ぎょうせい（1999）
原科幸彦『環境アセスメント』放送大学教育振興会（1995）
総理府・厚生省『昭和46年版公害白書』（1971）
環境省編『平成14年版環境白書』（2002）
環境省編『平成19年版環境循環型社会白書』（2007）
大塚直『環境法』有斐閣（2002）
寺田達志『わかりやすい環境アセスメント』自然環境研究センター（1999）
環境法政策学会編『新しい環境アセスメント法』商事法務研究会（1998）

《第11章》
環境庁野生生物保護行政研究会編『絶滅のおそれのある野生動植物の種の保存に関する法律』中央法規（1993）
環境省総合環境政策局編著『環境基本法の解説・改訂版』ぎょうせい（2002）
OECD、産業公害科学研究所訳『汚染者負担の原則』（1975）
環境庁企画調整課監修『温暖化対策税を活用した新しい政策展開』（2000）
黒澤正一『ISO14001を学ぶ人のために』ミネルヴァ書房（2001）
循環型社会法制研究会編『循環型社会形成推進基本法の解説』ぎょうせい（2000）
環境省編『平成19年版環境統計集』（2007）

《第12章》
東京都公害研究所編『公害と東京都』（1970）
地球環境法研究会『地球環境条約集第3版』中央法規（2003）
循環型社会法制研究会編『循環型社会形成推進基本法の解説』ぎょうせい（2000）
橋本道夫・蔵田直躬『公害対策基本法の解説』新日本法規（1967）

環境庁国際課監修『OECDレポート・日本の経験』日本環境協会（1978）
環境庁監修『日本は快適か』日本環境協会（1977）
環境庁編『昭和54年版環境白書』（1979）
環境庁編『環境基本法の解説』（1994）
環境庁『環境庁二十年史』ぎょうせい（1991）
環境と開発に関する世界委員会、大来佐武郎監修『地球の未来を守るために』福武書店（1987）
環境省総合環境政策局編著『環境基本法の解説・改訂版』ぎょうせい（2002）
景観法制研究会編『概説・景観法』ぎょうせい（2004）

索　引

《A～Z》

BOD ……………………………… 39
COD ……………………………… 39
DO ………………………………… 39
IPCC ………………………… 96, 99, 103
IPCC第4次評価報告書統合報告書 …… 99
ISO14001 ………………………… 138
IUCN ……………………………… 88
OECD …………………………… 147
Our Common Future …………… 149
P.P.P.原則 …………………… 130, 134
SEA ……………………………… 128
UNCED ………………………… 111
UNEP …………………………… 110

《あ行》

アオコ …………………………… 39
赤潮 ……………………………… 39
阿賀野川 ………………………… 18
亜酸化窒素 ……………………… 98
アジェンダ ………………… 21, 111
アメニティ …………………… 152
アメリカ国家環境政策法 ……… 113
アルキル水銀 …………………… 17
安定型 ……………………… 49, 51
閾値がある汚染物質 …………… 33
閾値がない汚染物質 …………… 33
イタイイタイ病 ………… 21, 22, 23
一酸化炭素 ……………………… 36
一酸化二窒素 …………………… 98
一般地域騒音 …………………… 42
一般廃棄物 ……………………… 46
医療手帳 ………………………… 32

ウイーン条約 …………… 96, 101, 102
汚染者負担の原則 …………… 130, 134
汚染負荷量賦課金 ……………… 135
オゾン層 …………………… 93, 101
オゾン層破壊 ………… 93, 95, 101, 102
オゾン層保護法 ………………… 102
オゾンホール …………………… 94
汚物掃除法 ……………………… 48
温室効果 ………………………… 97
温室効果ガス …………………… 98

《か行》

海岸 ………………………… 72, 88
開発 ……………………………… 13
開発整備地域等調査 …………… 115
化学的酸素要求量 ……………… 39
化学物質 ………………………… 45
各種公共事業に係る環境保全対策に
　ついて ……………………… 113, 115
拡大生産者責任 ………… 61, 131, 135
河川 ……………………………… 73
カドミウム ………………… 21, 23, 24
川崎市環境影響評価に関する条例 …… 117
環境影響評価 ……… 113, 114, 116, 118, 119
環境影響評価項目 ……………… 126
環境影響評価実施者 …………… 122
環境影響評価実施対象事業 …… 124, 125
環境影響評価準備書 …………… 120
環境影響評価書 ………………… 120
環境影響評価制度 ……………… 118
環境影響評価と許認可 ………… 123
環境影響評価の実施について …… 117
環境影響評価法 …………… 117, 118

環境汚染 …………………………… 44
環境基準 ……………… 34, 35, 38, 41, 42
環境基本法 …………………… 132, 146
環境政策レビュー ………………… 147
環境と開発に関する国連会議 ……… 111
環境と開発に関する世界委員会 …… 111
環境と開発に関するリオ宣言 ……… 108
環境の快適性 ……………………… 152
環境マネージメントシステム ……… 139
環境問題 ……………………………… 9
関西訴訟 …………………………… 32
乾性沈着 ………………………… 90, 91
間罰 ………………………………… 133
管理型 …………………………… 49, 51
管理票制度 ………………………… 49
気象変動に関する政府間パネル …… 103
気候変動枠組条約 …………… 103, 104
気候変動枠組条約京都議定書 ……… 104
基準年排出量 ……………………… 106
希少野生動植物種 ………………… 79
共生 …………………………… 80, 151
共同実施 …………………………… 105
京都議定書 …………………… 104, 106
京都メカニズム …………………… 105
漁業生産 …………………………… 84
熊本県水俣市 ……………………… 17
熊本水俣病 ………………………… 19
クリーン開発メカニズム ………… 105
景観法 ……………………………… 148
経済的手法 …………………… 66, 137
経済的措置 ………………………… 137
健康項目 ………………………… 40, 41
建設工事に係る資材等の再資源化等に
　関する法律 ……………………… 64
建設省所管事業に係る環境影響評価に
　関する当面の措置方針について … 116

建築物用地下水の採取の規制に関する
　法律 ………………………… 132, 142
玄米 …………………………… 23, 24
減量化 ……………………………… 53
公害健康被害の補償等に関する法律
　………………………… 19, 27, 30, 135
公害健康被害補償 ……… 20, 23, 26, 29
公害健康被害補償法 ……… 27, 29, 135
公害対策基本法 ………… 132, 134, 143
公害に係る健康被害の救済に関する
　特別措置法 ……………………… 27
公害防止事業費事業者負担法 … 21, 24, 134
公害防止条例 …………………… 132
公害病 ……………………………… 25
光化学オキシダント ……………… 35, 44
公共用水域 ………………………… 38
公共用水域の水質の保全に関する法律
　………………………………… 132, 142
工業用水法 …………………… 132, 142
航空機騒音 ………………………… 42
鉱工業 ……………………………… 13
工場排水等の規制に関する法律 … 132, 142
交通・輸送 ………………………… 14
公有水面埋立法 …………………… 116
港湾法 ……………………………… 116
国際熱帯木材機関 ………………… 107
国際熱帯木材協定 ………………… 107
国際捕鯨条約 ……………………… 107
穀物 ………………………………… 84
国立公園 …………………………… 77
国立公園法 …………………… 77, 145
国連環境計画 ……………………… 110
国連人間環境会議 ………………… 108
湖沼 …………………………… 44, 73
ごみ ………………… 14, 46, 47, 52, 53

索 引　161

《さ行》

最終処分 ……………………………… 52
最終処分規制 ………………………… 49
最終処分場 …………………………… 51
再生資源の利用の促進に関する法律
　　………………………………… 61, 135
最大許容限度 ………………………… 34
在来鉄道騒音対策指針値 …………… 43
在来線鉄道騒音 ……………………… 43
産業活動 ……………………………… 15
産業公害総合事前調査 ……………… 115
産業廃棄物 ……………… 14, 46, 47, 52, 53
産業廃棄物最終処分課税 …………… 67
サンゴ礁 …………………………… 72, 89
酸性雨 …………………………… 90, 91, 93
四塩化炭素 …………………………… 95
直罰 …………………………………… 133
ジクロロメタン ……………………… 37
資源化 ………………………………… 52
資源生産性 ………………………… 68, 69
資源の有効な利用の促進に関する法律
　　………………………………… 61, 135
資源有効利用促進法 …………… 62, 65
自主的な環境配慮 …………………… 131
史跡名勝天然記念物保護法 ………… 77
自然環境 ……………………………… 70
自然環境保全基本方針 ……………… 146
自然環境保全法 ………… 78, 81, 132, 146
自然公園法 ………… 77, 81, 132, 145, 146
自然再生 ……………………………… 81
自然再生協議会 ……………………… 81
自然再生事業実施計画 ……………… 81
自然再生推進法 ……………………… 81
自然保護 ……………………………… 75
持続可能な開発 ………………… 111, 149
持続可能な開発に関する

ヨハネスブルグ宣言 ………… 109, 112
湿性沈着 …………………………… 90, 91
し尿 ………………………………… 46, 47
地盤沈下 ……………………………… 142
遮断型 …………………………… 49, 51
臭化メチル …………………………… 95
従量制 ………………………………… 67
受忍限度 ……………………………… 34
種の保存法 ……………………… 78, 132
狩猟法 ………………………………… 77
循環 …………………………………… 150
循環型社会 …………………………… 60
循環型社会形成推進基本計画 … 60, 67, 68
循環型社会形成推進基本法 ……… 60, 150
循環社会基本法 ……………………… 150
循環利用率 ………………………… 59, 68
使用済自動車の再資源化に関する法律
　　………………………………… 65, 136
昭和電工鹿瀬工場 …………………… 19
食肉 …………………………………… 84
食品循環資源 ………………………… 63
食品循環資源の再生利用等の促進に
　関する法律 ………………………… 63
食料 …………………………………… 83
新幹線鉄道騒音 ……………………… 42
人口 ………………………………… 9, 15
神通川 ………………………………… 21
森林 ……………………………… 71, 86, 87
森林原則声明 ………………………… 106
森林消失 …………………………… 86, 87
森林法 …………………………… 75, 145
水域 …………………………………… 82
水銀汚染汚泥等除去事業 …………… 20
水資源 ………………………………… 85
水資源賦存量 ………………………… 85
水質汚濁 ……………………………… 38

スクリーニング	120	チッソ水俣工場	19
スコーピング	120	鳥獣保護及狩猟ニ関スル法律	144
税・課徴金	137	鳥獣保護及び狩猟に関する法律	77
生活排水	14	鳥獣保護法	77, 144
清掃法	48	鳥獣猟規則	77, 144
整備五新幹線に関する環境影響評価の実施について	116	テトラクロロエチレン	36
		デポジット	137, 138
生物化学的酸素要求量	39	デポジット制度	67
生物多様性	80, 87, 89	東京大気汚染訴訟	30
生物多様性国家戦略	79, 80	東京都工場公害防止条例	142
生物多様性条約	79, 108	登録湿地	80
西暦2000年の地球	149	道路交通騒音	45
世界自然保護連合	88	道路に面する地域の騒音	42
世界のエネルギー需要	98	特定家庭用機器再商品化法	63, 136
絶滅のおそれのある野生動植物の譲渡の規制等に関する法律	78	特定賦課金	135
		特定物質	102
セベソ	55	特定有害廃棄物等の輸出入等の規制に関する法律	56
戦略的環境影響評価	128		
騒音	42, 44	特別管理一般廃棄物	46
騒音環境基準	42, 43	特別管理産業廃棄物	46
		特別管理廃棄物	46, 49
《た行》		都市と環境	12
第一種事業	120, 124	土地利用	71
ダイオキシン類	36, 50, 54	都道府県立自然公園	77
ダイオキシン類対策特別措置法	50	富山県におけるイタイイタイ病に関する厚生省の見解	23
大気	82		
大気汚染	35	富山平野	21
大気系公害病	28, 30	トリクロロエチレン	36
代替フロン	95, 98		
第二種事業	120, 124	《な行》	
大陸	83	ナイロビ宣言	110, 149
地球温暖化	96, 98, 103	南極アザラシ保存条約	108
地球温暖化対策の推進に関する法律	106	南極条約	107
地球環境サミット	108, 111	新潟県阿賀野川	18
地球環境保全	149	新潟水銀中毒に関する特別研究についての技術的見解	19
地球環境問題	148, 149		

新潟水俣病 ……………………… 19
新潟水俣病事件 ………………… 20
二酸化硫黄 ………………… 35, 37
二酸化炭素 ……………………… 98
二酸化窒素 ………………… 35, 37
2000年目標 …………………… 107
日常生活 ………………………… 13
日本の降水のpH ………………… 92
日本の土地利用 ………………… 71
人間環境宣言 ……………… 108, 110
農耕 ……………………………… 11
農耕地 …………………………… 11
農用地の土壌の汚染防止等に関する法律
 ………………………………… 23

《は行》
バーゼル条約 …………………… 55
ばい煙の排出の規制等に関する法律
 ……………………………… 132, 142
廃棄物 …………………… 46, 48
廃棄物処理法 … 46, 48, 49, 50, 59, 132, 150
廃棄物等 ………………………… 60
廃棄物の処理及び清掃に関する法律
 ………………………… 46, 132
廃棄物不法投棄 ………………… 54
排出量取引 …………………… 105, 137
発電所の立地に関する環境影響調査
 及び環境審査の強化について …… 116
ハロン …………………… 95, 96
干潟 ……………………………… 71
火の使用 ………………………… 11
富栄養化 ………………… 39, 44
フロン …………………… 95, 96, 98
フロン回収破壊法 …………… 102
浮遊粒子状物質 ………… 35, 37
文明 ……………………………… 15

ベンゼン ………………………… 37
保安林 …………………………… 75
放牧 ……………………………… 11
放牧地 …………………………… 11
保健手帳 ………………………… 32
保護林 …………………………… 75
保護林設定に関する件 ……… 145
補助金 ………………………… 137

《ま行》
慢性カドミウム中毒 …………… 22
水需要 …………………………… 86
水俣病 …………………… 17, 19, 20
水俣病事件 ……………………… 20
水俣病総合対策医療事業 ……… 32
水俣病に関する見解と今後の措置 … 19
水俣湾 …………………………… 17
メタン …………………………… 98
メチル水銀 ………………… 17, 19
目標2000 ……………………… 107
モントリオール議定書 ……… 96, 101, 102

《や行》
野生生物 ………………… 74, 75, 87
有害廃棄物移出・移入 ………… 55
有機汚濁 ………………………… 38
容器包装に係る分別収集及び再商品化に
 関する法律 ………………… 136
容器包装法 ………………… 59, 62
溶存酸素 ………………………… 39
横浜行動計画 ………………… 107
四日市 …………………………… 25
四日市喘息 ……………………… 25
四日市ぜん息事件 ……………… 25
ヨハネスブルグ宣言 ………… 109, 112

《ら行》

ラムサール条約 …………………… 80, 108
リオ（デジャネイロ）宣言 … 108, 111, 134
リサイクル ………………………… 57, 58
リサイクル関連法 ………………………… 61
療養手帳 ………………………………… 32
ロンドンスモッグ ……………………… 24

《わ行》

ワシントン条約 …………………… 78, 108
我ら共有の未来 …………………… 111, 149

■著者略歴

井上　堅太郎（いのうえ・けんたろう）
1941年　岡山県生まれ
1964年　岡山大学工学部卒業
1966～1996年　岡山県庁で環境行政に携わる。
1978年　医学博士
1996～1997年　JICA専門家（エジプト政府派遣）
1997年～現在　岡山理科大学社会情報学科教授

改訂 環境学入門

2005年4月30日　初版第1刷発行
2008年4月25日　初版第2刷発行

■著　者────井上堅太郎
■発 行 者────佐藤　守
■発 行 所────株式会社 大学教育出版
　　　　　　〒700-0953　岡山市西市855-4
　　　　　　電話 (086) 244-1268　FAX (086) 246-0294
■印刷製本────サンコー印刷(株)
■装　丁────ティー・ボーンデザイン事務所

Ⓒ Kentaro INOUE 2005, Printed in Japan
検印省略　落丁・乱丁本はお取り替えいたします。
無断で本書の一部または全部を複写・複製することは禁じられています。

ISBN978-4-88730-620-2